# 野生動物問題への挑戦

羽山伸一

東京大学出版会

Challenges for Social Change to Solve Wildlife Issues
Shin-ichi HAYAMA
University of Tokyo Press, 2019
ISBN 978–4–13–062226–4

# はじめに

　私たち人間社会にとって、野生動物問題は新たな社会問題であり、社会全体がこの問題の解決を目指して取り組むべきと世に問うため、私が『野生動物問題』（2001 年、地人書館）を書き始めたのは、20 世紀末のことだった。

　20 世紀の後半を過ぎると、農林水産業被害、餌付け、密輸、商業捕鯨、環境ホルモン、外来種、そして絶滅と、野生動物と人間の間にある問題が次から次に湧き出てきたが、これらは個別の問題ではなく、すべてを人間社会が生み出したという共通性に気づいたからである。

　あれから 20 年あまり。新たな世紀を迎えても、野生動物問題は解決されるどころかますます深刻化し、しかも複雑化しているように思える。もちろん、この間に、わが国では野生動物問題の解決に向けた法制度整備やそれに伴う予算や事業が次々と繰り出されてきている。私自身も、これらのいくつかに直接関わり、隔世の感があるほどに変革がなされたと感じている。また、この問題への世論の意識や関心も、少なからず高まっているのは間違いないだろう。

　こうして、さまざまな面で私たちの社会はこの野生動物問題に向き合おうとしてきたはずだ。しかし、それでも解決に程遠いのは、なぜなのだろうか。まず本書で明らかにしたいことは、この点である。

　今世紀に入ってからも、新たな野生動物問題が私たち人間社会へ突きつけられている。とくに東日本大震災では、福島第一原子力発電所が爆発して放射性物質が飛散し、人類史上に特筆すべき未曾有の環境汚染という人災を引き起こした。これによって、人間はもちろんのこと、野生動物たちの行く末を私たちは見届けなければならなくなった。その後も頻発する大規模災害は、地殻変動だけではなく気候変動も加わり、今後も続きそうな気配である。

　世界各地で発生している共通感染症のパンデミック（感染爆発）も同様に人災と呼ばれるようになるのかもしれない。多くの病原体が人間と家畜と野生動物の間を行き来するようになっている。これからのもっとも重要な野生動物問題

になる予感すらある。

　共通感染症問題は、人間だけではなく家畜や野生動物の高密度化に関係がある。すでに、わが国では都市部にさえ大型野生動物の分布が拡大し、人身被害が多発する地域まで出ている。とりわけシカは制御不能なほどに増加し、森林破壊などの影響をおよぼすようになってしまった。また、2018年に岐阜県で発生した豚コレラは、野生のイノシシにこのウイルスが感染し、1年足らずで感染エリアは1万km²を超える勢いで拡大し続けている。それに伴う養豚産業への影響は甚大で、しかも事態が終息する気配はない。もはや感染症は病原体の問題ではなく、野生動物問題さらには環境問題として理解しなければならない。

　こうした状況を近未来から俯瞰すると、いささか暗澹たる気持ちになる。わが国の人口は2008年の1億2800万人をピークに急激に減少し、現在の推計では、2050年には9500万人となるという。しかも、そのころには65歳以上の高齢化率が4割に達するばかりではなく、多くの人口が都市へ集中してゆくと予想されている。ただでさえ、農地や森林を野生動物たちから守れなくなっているのである。現在の人間社会のありようでは、野生動物との共存という姿は、もはや想像すらできない。

　今のままでは、この激変に私たちの社会も自然も耐えられなくなる可能性が高い。しかし、それでも私たち人間は「社会を変えることのできる生きもの」なのである。したがって、本書の目的は、あるべき人口減少社会の未来像を論じることではない。むしろ、問題解決のために、今まででも変えられることがあったはずだということ、また変えなかったために失敗したことを、今一度反芻する必要があると私は考えている。そして、それぞれの野生動物問題を解決するために、私や関係者たちがなにを考え、これらの問題や時代と格闘してきたのかを自らの経験で語ってみたい。おそらく、読者はその中から未来を変えるなんらかのヒントを得られるのでは、と信じるからだ。

　本書では、およその時間軸に沿って、その時々で社会問題化した野生動物問題をテーマに選んだ。野生動物問題は、それぞれの時代を背景にした人間と野生動物の関係から社会問題化するものだからだ。そのようなコンセプトなので、読者からは本書が私の自分史のようにも見えるかもしれないが、ご容赦いただきたい。

# 目次

はじめに …………………………………………………………………………… i

## *1* │ 破壊の世紀から──野生動物問題との出会い ……………………………… 1

### 1.1 野生動物が消えてゆく ………………………………………………… 1

(1)絶滅を目撃する 1 　(2)公害、そして変貌する国土 2

### 1.2 獣医師への道──獣医科大学入学 …………………………………… 6

(1)地平線への憧れ 6 　(2)あっけない幕切れ 7

(3)野生動物の獣医さん 9

### 1.3 絶滅に瀕する害獣 …………………………………………………… 10

(1)ゼニガタアザラシとの出会い 10

(2)店晒しとなった天然記念物指定答申 12 　(3)ゼニ研の誕生 14

(4)害獣は滅びればよいのか 17

## *2* │ ワイルドライフマネジメント──駆除から管理へ ……………………… 19

### 2.1 特別天然記念物の害獣 ……………………………………………… 19

(1)再び大学へ 19 　(2)駆除されるニホンカモシカ 20

(3)審議会へハガキ作戦 22 　(4)世界最大のブナ林を世界遺産へ 24

### 2.2 法律をつくる ………………………………………………………… 26

(1)絶滅の阻止から回復へ 26 　(2)裏切られた期待 27

(3)科学的管理の黎明──特定計画制度の創設 29

### 2.3 森とシカの一体管理 ………………………………………………… 34

(1)丹沢のシカ問題 35 　(2)民間主導の総合調査と政策提言 39

(3)シカの管理は森の管理 41

### 2.4 ワイルドライフマネジメントと管理者 …………………………… 47

(1)だれがマネジメントするのか 47 　(2)管理者を育てる取り組み 49

## *3* │ 外来動物──無自覚の果ての犯罪 ………………………………………… 57

### 3.1 連れてこられた動物たち──外来動物とはなにか ……………… 57

(1)カワウソゥ選挙 57 　(2)外来生物法制定 61

### 3.2 オーストラリアのキツネ対策 ……………………………………… 65

(1)外来種大国 66 　(2)キツネ、タスマニアへ侵入 67

iv

　　　　(3)タスマニアでのキツネ対策 70　　(4)キツネ根絶計画 72

　3.3　外来動物を根絶する　……………………………………74

　　　　(1)アライグマとマングース 74　　(2)動物を飼うということ 78

**4｜環境汚染と感染症──蝕まれる野生動物**……………81

　4.1　環境ホルモンから放射能汚染へ　………………………81

　　　　(1)アザラシの大量死 81　　(2)福島原発災害 83

　　　　(3)モニタリングの意味 89

　4.2　感染するガン　…………………………………………92

　　　　(1)激減するタスマニアデビル 92　　(2)乱獲と免疫異常 95

　　　　(3)復活に賭ける専門家たち 98

　4.3　野生動物感染症　………………………………………103

　　　　(1)ツシマヤマネコがエイズ感染 103

　　　　(2)高病原性鳥インフルエンザとツルの分散 109　　(3)野生動物の保健所 112

**5｜再生の世紀へ──野生動物問題への挑戦**……………117

　5.1　絶滅を食い止める　………………………………………117

　　　　(1)オガサワラノネコ 117　　(2)小笠原動物医療派遣団 121

　　　　(3)アカガジラカラスバトの復活 126

　5.2　希少動物を管理する　……………………………………129

　　　　(1)えりもシールクラブの設立 129　　(2)漁獲の激減と被害の急増 134

　　　　(3)スコットランドの取り組み 137　　(4)ゼニガタアザラシ管理計画 140

　5.3　野生復帰　………………………………………………142

　　　　(1)コウノトリとトキの野生復帰 142　　(2)急増する野生復帰の取り組み 144

　　　　(3)失われた未来を取り戻す 149


おわりに……………………………………………………………157

さらに学びたい人へ………………………………………………161

参考文献……………………………………………………………163

索引…………………………………………………………………167

# 1 破壊の世紀から
## ──野生動物問題との出会い

## 1.1 野生動物が消えてゆく

### (1) 絶滅を目撃する

いつものように朝の食事をしながら、テレビのニュースを眺めていたら、カワウソの映像が流れてきた。長崎県対馬で、琉球大学などのグループが確認したものだという。この映像は 2017 年 2 月に撮影されたらしい。

私は対馬にたびたび通っている。時折、地元の方たちから海岸でカワウソらしき動物を見た、という話を聞いていたので、驚くようなニュースではなかった。なぜなら、対馬の対岸にある韓国・釜山では、近縁種で大陸に広く分布するユーラシアカワウソが生息しているからだ。対岸との間にある対馬海峡は 40 km 程度の幅しかないので、たまには流れ着く個体がいても不思議はない。

ところが、わが国に生息していたニホンカワウソの目撃例は 1979 年が最後なので、この映像は 38 年ぶりの大発見とさわぐメディアもあった。急きょ、環境省による追加調査が行われ、発見されたカワウソの糞から DNA を分析したところ、ニホンカワウソではなくユーラシアカワウソのものと判明した。

もっとも、ニホンカワウソがどの範囲に生息していたのかは不明な点が多い。少なくとも、最後の目撃地である高知県・四万十川周辺で捕獲されたカワウソのはく製からは、ユーラシアカワウソとは異なる DNA が検出されている。しかし、同じ研究で九州本土や関東のはく製などから検出された DNA はユーラシアカワウソと大差はなかった。

今の段階では明確なことはいえないが、もしかつて対馬に生息していたカワウソがユーラシアカワウソなのであれば、分布が回復しているという証しなので、きちんと保全対策を考えるべきだろう。少なくとも日本でカワウソが絶滅したと考えられている以上、河川や沿岸の生態系を復元するならば、重要な頂

2

点捕食者の回復を歓迎してもよいくらいだ。

　しかし、よく考えてみれば、たかだか 38 年前の日本には、確かにカワウソが生息していたのである。さらに 20 世紀前半までさかのぼれば、全国的にカワウソの生きた証しが見つかる。当時、カワウソが激減した原因は、乱獲と考えられたため、1928 年から捕獲が禁じられた。けれども個体数の減少に歯止めがかからず、1965 年には国の特別天然記念物に指定される。けっきょく、高知県での目撃を最後に、その後発見されることはなく、環境省は 2012 年のレッドリストで絶滅種にリストしたのだ。

　同じ 1970 年代に絶滅した野生動物には、ニホンコウノトリがいる。1971 年のことだ。この時代は、1981 年の保護捕獲によって野生絶滅するトキを含め、こうした水辺に暮らす野生動物がことごとく個体数を減らしていったのである。当時は、ほとんど野生動物医学の研究者が日本にはいなかったため、明確な原因は不明である。おそらく、乱獲や生息地の開発に加えて、農薬等の化学物質による生殖影響もあったのではないかと想像される。

　いずれにしても、私たちの世代は、リアルタイムで野生動物たちの絶滅を目撃している。とくに 20 世紀は人類史上最大の破壊の世紀であったといえる。

## (2)　公害、そして変貌する国土

　1960 年生まれの私が育ったのは、神奈川県湘南地方である。そのころの湘南海岸は、遠浅の砂浜が長く続き、波打ち際から 1 km ほどが砂地の松原となっていて、ところどころに沼があった。「鵠沼」という地名もあり、かつてはコウノトリも生息していたに違いない。この湘南海岸は、第二次世界大戦中に陸軍の射爆演習場として使われていたので、松原の中には薬莢が散乱していた。子どものころは、意味もわからず薬莢を拾って遊んだものだ。

　経済白書が「もはや戦後ではない」と書いたのは 1956 年のことだが、このあたりは田舎のせいか、戦争がまだ無縁ではない気配があった。駅前では傷痍軍人が義足を脱いで義援金を求め、ひたすら土下座しているのを目の当たりにしていた。もちろん、時は高度経済成長の真っただ中で、東京オリンピックをきっかけに、どこの家でもテレビは見られるようになっていた。しかし、ベトナム戦争が激化したころには、厚木などにある米軍基地へ向けて近くの駅から戦車を輸送しているのが日常の風景だった。

第1章 破壊の世紀から 3

1962年に始まった全国総合開発計画やその後の新全国総合開発計画によって、国土はみるみる変貌していった。そのころ、遊び場だった砂浜や松原も大規模開発によって見る影もなくなっていった。人口の急増に応えるための団地の造成や都市公園の整備などが急速に進んだのである。

もちろん、開発によって影響を受けたのは自然環境だけではない。全国に新産業都市が形成され、重化学コンビナートなども建設された。風光明媚とされた湘南の地でも、垂れ流された下水で海が汚染されて遊泳禁止になったり、大気汚染で光化学スモッグが発生して小学校のグランドでの運動が規制されたりした。今では信じられないかもしれないが、朝のテレビニュースで天気予報の後に、各地の海岸の大腸菌数が報じられ、それを見てから海水浴に行ったものだ。

すでに四大公害事件と呼ばれる水俣病、新潟水俣病、イタイイタイ病、四日市ぜんそくが社会問題化しており、1967年から1969年にかけて、原因企業や国などを相手取った被害者による提訴が続いていた。

今振り返っても、なんとひどい時代だったと思うが、そのころの私は、このままではなにもかにもが壊れ去ってしまうのではないか、と子ども心におそれをいだいていたのを覚えている。ようやく、環境汚染が人の生命に関わるほどの状況になって、公害対策基本法（1967年）が成立し、その後1971年に環境庁が発足した。さらに、環境保全は地球規模の課題でもあり、史上初めての人間環境会議（いわゆるストックホルム会議）が国連主催で1972年に開催され、「Only One Earth（かけがえのない地球）」を合言葉に「環境問題」が社会問題として認識されるようになった。日本でも、自然環境保全法が同年に制定され、時代は破壊の世紀から転換するかのように見えた。

4

表 1-1　野生動物・環境問題と社会的背景の年表

| 年 | 野生動物・環境問題 | 社会的背景 |
|---|---|---|
| 1955 | ニホンカモシカ特別天然記念物指定 | |
| 1956 | 水俣病公式確認、ニホンコウノトリ特別天然記念物指定 | 経済白書「もはや戦後ではない」 |
| 1957 | 拡大造林政策本格化 | |
| 1958 | | |
| 1959 | カモシカ密猟全国一斉取り締り | |
| 1960 | | |
| 1961 | | |
| 1962 | | 全国総合開発計画 |
| 1963 | | |
| 1964 | | 木材輸入全面解禁 |
| 1965 | ニホンカワウソ特別天然記念物指定、新潟水俣病発見 | アメリカ、ベトナムへ軍事介入 |
| 1966 | | |
| 1967 | 四大公害病裁判始まる | |
| 1968 | | 大気汚染防止法制定 |
| 1969 | | 新全国総合開発計画 |
| 1970 | | 公害国会 |
| 1971 | ニホンコウノトリ野生絶滅 | 環境庁発足 |
| 1972 | 国連人間環境会議 | |
| 1973 | | |
| 1974 | 文化財保護審議会がゼニガタアザラシの天然記念物指定を答申 | |
| 1975 | | ベトナム戦争終戦 |
| 1976 | | |
| 1977 | | 第三次全国総合開発計画（三全総） |
| 1978 | | |
| 1979 | ニホンカワウソ絶滅、カモシカ三庁合意 | |
| 1980 | | |
| 1981 | トキ野生絶滅 | |
| 1982 | 白神山地青秋林道着工 | |
| 1983 | | |
| 1984 | | |
| 1985 | カモシカ裁判開始 | |
| 1986 | 知床国有林伐採問題 | |
| 1987 | リゾート法施行 | 第四次全国総合開発計画（四全総） |
| 1988 | | バブル景気絶頂期 |
| 1989 | 日本自然保護協会・WWF・植物版レッドデータブック | ベルリンの壁崩壊、冷戦終結 |

| 年 | 野生動物・環境問題 | 社会的背景 |
|---|---|---|
| 1990 | 白神山地・知床、森林生態系保護地域設定 | イラクによるクウェート侵攻（湾岸戦争へ） |
| 1991 | 環境庁・動物版レッドデータブック | バブル崩壊 |
| 1992 | 地球サミット（国連環境会議） | |
| 1993 | 種の保存法施行、白神山地・屋久島世界自然遺産登録 | EU 統合、55 年体制崩壊（自民党が野党に） |
| 1994 | | |
| 1995 | 生物多様性国家戦略閣議決定 | 阪神・淡路大震災 |
| 1996 | | 橋本自民党総裁が首相に |
| 1997 | | |
| 1998 | ゼニガタアザラシ絶滅危惧 IB 類 | 21 世紀の国土のグランドデザイン（2010–2015 年目標） |
| 1999 | 鳥獣保護法改正（特定計画制度創設） | |
| 2000 | | |
| 2001 | 環境庁が環境省へ昇格 | アメリカ同時多発テロ事件 |
| 2002 | 鳥獣保護法全面改正によりアザラシが保護対象に | |
| 2003 | 最後の野生日本産トキ死亡（10 月 10 日） | |
| 2004 | 高病原性鳥インフルエンザ 79 年ぶりの発生<br>マンハッタン原則「One World One Health」宣言 | 中越地震 |
| 2005 | 外来生物法が国会で成立<br>兵庫県豊岡市でコウノトリの試験放鳥開始 | |
| 2006 | カエルツボカビ国内初確認 | |
| 2007 | コウノトリが 47 年ぶりに野外で巣立ち<br>鳥獣被害防止特別措置法が国会で成立 | 中越沖地震 |
| 2008 | 佐渡でトキの試験放鳥開始 | リーマンショック |
| 2009 | 環境省・鳥獣保護管理技術者人材登録制度開始 | 民主党政権誕生 |
| 2010 | 口蹄疫、高病原性鳥インフルエンザの流行 | |
| 2011 | 福島第一原発爆発<br>家畜伝染病予防法に野生動物が位置づけ<br>小笠原諸島世界自然遺産登録 | 東日本大震災 |
| 2012 | トキが 36 年ぶりに野外でふ化<br>ツシマヤマネコの野生復帰施設建設開始 | 自民党、政権奪回 |
| 2013 | 台湾で 52 年ぶりに狂犬病発生 | |
| 2014 | 鳥獣保護法全面改正により保護管理法へ | |
| 2015 | トキ、第 3 世代誕生、関東で初のコウノトリ放鳥 | 国連「持続可能な開発のための 2030 アジェンダ」採択（SDGs） |
| 2016 | 環境省・希少鳥獣管理計画（アザラシ）策定 | 英国、国民投票で EU 離脱へ |
| 2017 | 高病原性鳥インフルエンザ全国流行、動物園で希少種殺処分 | |
| 2018 | 豚コレラ 26 年ぶりの発生、イノシシに感染 | |

## 1.2 獣医師への道——獣医科大学入学

### (1)　地平線への憧れ

　しかし、一方で1970年代は東京大学の安田講堂占拠事件で象徴される安保闘争で幕が開けた。私は、たまたま買い物の途中で機動隊と学生デモ隊の衝突に出くわしてしまったが、なぜ闘っているのかを知るのはしばらく経ってからだった。ただ、御茶ノ水の学生街が火炎ビンの煙で霞んでいたことを鮮明に覚えている。

　この一連の攻防が終わるころ、時代の雰囲気から怒りの気配が消えたような気がしている。その後の若者たちは「やさしい世代」と呼ばれるようになっていた。高校に進学するころには、自分を含めた若い世代が、時代に抵抗することへ無力感を持つようになったのかもしれない。

　実際に、自分の進路を考える段になっても、とくにやりたいことや志があるわけでもなかった。なんとなく文系を目指してみたが、とくに学びたい分野も思いつかなかった。

　さすがに高校3年生にもなると、少しは考えなければと焦るようになった。山岳部に入っていたので、山や自然には愛着があった。逆に都会で暮らすのは嫌だと思っていたので、どこか田舎で暮らせる仕事はないだろうかと考え始めていた。とにかく毎日の満員電車が嫌で、そんな都会生活から抜け出したかった。どうせ生きるなら、地平線が見える場所で暮らしたい。デイ・ドリーム・ビリーバーな高校生にありがちの、現実離れした憧れだったのかもしれない。しかし、そのときは心からそう願っていた。

　そんなとき、眺めていたテレビに不思議な光景が映されていた。冬の北海道が舞台のドキュメンタリーだった。大雪原をスノーモービルが疾走してゆく。乗っているのは獣医さんらしい。白衣をたなびかせながら雪原の中にある牛舎へ駆けつけた。中へ入ると難産の牛が呻いている。その牛医者は手早く介助し、無事に子牛は産まれてきた。

　今考えれば、冬の北海道で白衣をたなびかせてスノーモービルに乗るなど、テレビのやらせに決まっているが、なにも知らない受験生の私はひたすら感動していた。

「かっこいい……」

　もう心の中では、北海道で牛医者になることを決意していた。なによりも、牛医者なら田舎でも十分食っていけるだろう。もはや天職と思い込んだ牛医者に、どうすればなることがかなうだろうか。

　インターネットのない時代に、頼れるのは「赤本」と呼ばれる過去の入学試験問題付大学案内書しかなかった。さっそく本屋へ走るが、壁一面に並べられた赤本を前に絶句した。こんなに大学というのはたくさんあるのか……

　書店の本棚には、どうも北から順番に並べられていることを悟ると、「獣医」とか「畜産」をキーワードに、大学を探し始めた。そしてすぐに「帯広畜産大学」を見つけて驚喜した。帯広とは北海道ではないか。しかも、この大学には、ちゃんと獣医学科が存在していた。すでに受験前から、この大学に入学すると心に決めていた。

　帯広畜産大学に入ってから知ったことだが、全国には獣医学科を持つ大学は16校もあった。北海道だけで3大学もあったのだが、帯広を選んだことに後悔したことはない。それほどに、当時の北海道十勝平野と帯広畜産大学は、私にとって魅力的な場所だった。

## (2)　あっけない幕切れ

　畜大生（地元の人たちは、私たち学生をそう呼んでいた）のだれでもが、新入生の初夏を迎えるころ、お約束のように「十勝ボケ」と呼ばれる状態になる。大半が都会出身の学生たちである。全国一人口密度が低い大学のキャンパスに暮らし、見渡す限りの牧草地や農地、草をはむ牛たち、遠くには日高山脈の山々。ボケてしまうのも無理はないし、当然、私もボケていた。

　入学式に見られた雪は、4月の終わりにフキノトウが芽吹くと一斉に解け始め、校内の道路までもが雪解け水で川のようになった。どうせ濡れるのならと裸足で歩きながら、北国の春を驚きつつも楽しんでいた。ゴールデンウィークを過ぎれば、もはや講義に出る気はしなかった。牧野やカシワの森を徘徊し、日高山脈や知床に通う日常となった。最近の大学では、こんな学生生活は許されないのだろうが、本当によい時代に学生時代を過ごすことができたと思う。

　もちろん、牛医者になりたいという入学の動機を忘れたわけではなかった。さっそく先輩たちに相談して、夏休みには根釧原野にある広大な牧場へ住み込

み実習生として受け入れてもらえることになった。その後も、ほとんど大学の講義はそっちのけだったが、山と牛にまみれた学生生活には没頭していった。

当時の畜大では、3年生になると専門分野を学ぶために研究室へ配属される。解剖学や生理学などの基礎的な分野から内科学や外科学などの臨床分野まで、獣医学の専門分野は多岐にわたっていた。私は牛医者を志していたので、迷わず臨床繁殖学教室を希望した。人間でいうと産婦人科のような分野だ。

酪農の現場では、メスの牛から乳を搾る。当然だが、牛は出産しなければ泌乳しない。乳牛は、人工授精で受胎させるため、その技術の良し悪しが酪農家の生活を左右することになる。産まれた子牛も売り買いされる対象であるから、難産で子牛を失うようなことがあってはならない。これらのすべての場面で獣医師は腕が試されるのだから、一番関わりが深い臨床繁殖学を専攻したいと思ったのだ。

念願の教室に入室し、毎日が牛、牛、牛の世界となった。大学院生の先輩の後に付き、大学付属牧場で牛の排卵兆候を確認するのが日課となった。排卵が近い牛がいれば、直腸検査をして卵巣の状態を確かめる。直腸検査とは、牛の肛門から手を肩まで突っ込んで、直腸の壁越しに子宮の先にある卵巣を触診して、卵胞の発達や排卵の有無を確認する検査である。

牛にしてみれば突然に肛門から手を入れられるわけだから、気持ちがよいわけはない。なかには溜まった便を噴出させるやつもいるので、私たちはレインコートのようなものを着て作業する。わけを知らずに傍から見れば、きわめて異様な光景だろうと思うが、この業界では基本のキの技術である。

こうして将来の牛医者を目指した修業を始めて一年ほどが経ち、牛まみれの生活に充実感を覚えるようになったころ、私は突然体調に異変を感じるようになった。なにかの拍子に蕁麻疹があちこちに出るようになったのだ。最初は理由がわからなかったのだが、どうも牛を触った後に発症するようだ。実際、牛を触った手で自分の顔に触れると、そこが発赤して痒くてたまらない。ついに私は、牛アレルギーになってしまった。

牛医者を目指していた私の人生は、ここで終了した。後で知ったことだが、牛、猫、マウスなどのアレルギーを発症して仕事が続けられなくなる獣医師は少なくない。いわゆる職業病であるが、好きな動物を診療できなくなる病気とは非情なものだ。

第1章　破壊の世紀から　9

　さて、私の人生をどうしようか。ほかに夢もなく、やりたいと思えることも見つかっていなかった。とりあえず、春休みになったので実家へ帰ることにした。

## (3)　野生動物の獣医さん

　今でこそ、獣医科大学の卒業生に一番人気の職はペット病院の臨床獣医師だが、私はとくに犬や猫に興味がなかった。かといって、試験管を振るような検査や研究の仕事に自分が向いているとは思えない。悶々とした日が続いたが、考えていても結論が出そうもないので、とりあえず国家試験には受かろうと思い、勉強することにした。

　帯広へ戻る前に、東京・神田の古本屋街へ行き、それまで買おうともしなかった獣医学の教科書を何冊か買い込んで、上野駅から夜汽車に乗った。当時は、上野から帯広まで汽車で 26 時間ほどかかり、途中の札幌に着くころには固い直角座席のおかげで体が痛くなり、眠るのも苦痛になっていた。

　札幌駅で乗り換えた帯広行の夜汽車は、ワンボックスの 4 人掛けしかない普通車両だった。当然、乗客が多ければ相席となる。このときは、中年男性 2 人が私の向かいに座っていた。ほかにすることもないので、せっかく買ったのだからと、教科書をパラパラと眺めることにした。

　汽車が日高山脈を越えるころ、向かいの男性たちの話が気になってきた。暇なので、聞き耳を立ててみると、どうも鶴（タンチョウ）の話題のようだ。当時のタンチョウは絶滅寸前といわれ、国内でも北海道に 100 羽程度しか生息していないと考えられていた。そのタンチョウの保護対策について、いい年のおやじが夢中になって議論をしているのである。

　しばらくして、2 人のうち上司と思われるほうが、突然私に向かって「君は畜大生だね」と声をかけてきた。なぜわかってしまったのか、わけがわからず動転していたが、考えてみれば帯広行の夜汽車で獣医学の教科書を読んでいるなど、畜大生以外にはいないはずだ。

　「はい」と答えると、「では、僕は君の先輩だね」といって笑っている。唖然としている私に、「僕は帯広動物園の園長をしているのだけど、畜大生がほとんど動物園へ勉強にこないのでとても残念だ。君は明日から園長室を研究室だと思って勉強にきなさい」という。

　断る隙もなかったが、一方で、動物園の獣医師という、考えてもみなかった

世界に驚く自分がいた。思わず、「わかりました、よろしくお願いします」と答えてしまった。

　次の日から、動物園通いが始まった。ただ、最初に与えられた課題は、園内でのロバの馬車曳きだった。当時は、動物園と名乗っていても、観覧車や遊具などの施設も同居しているのがふつうであり、なかでもロバの馬車は子どもたちに人気だった。一周 50 m ほどの園路を回るだけのことだが、乗っているほうはけっこう楽しいらしい。しかし、獣医学生とはいえ、ロバなど扱ったことのない初心者に、この動物ほど厄介なものはなかった。

　熟練の飼育担当者には愛想よくいうことを聞くくせに、私の命令など文字通りに馬耳東風だ。どうあっても動こうとしないのである。馬車には親子などの家族連れが乗っているので、むやみに鞭を打つようなこともできず、冷や汗の連続だった。

　しかし、だんだん日を追うごとにロバも態度を軟化させるようになっていった。少しは指示通りに動いてくれるようになると、ただ馬車を曳くだけのことではあるが、楽しくなるものだ。園長さんも働きぶりを評価してくれたようで、そのうちバイト代が出るようになった。

　もちろん、お金をいただく以上、売店のお土産売りなど、なんでも動物園の仕事は手伝った。今となってみれば、「園長室を君の研究室だと思って」という誘い文句は、単にバイトがほしかっただけだったのでは、と思う。ただ、その一言のおかげで、こののち私の人生を決定づける多くの出会いに恵まれることになった。


# 1.3 絶滅に瀕する害獣

## (1)　ゼニガタアザラシとの出会い

　動物園でいろいろな作業を体験し、充実した日々を過ごしていた。そんなふうに一生懸命になっている若者がいると、動物園職員の方々も少しずつ目をかけてくれるようになるものだ。そのうち、いろいろな野生動物の飼育や獣医さんの回診なども手伝わせてくれるようになった。自分の中で、徐々に野生動物の獣医師になるという夢が芽生えていた。

図 1-1 ゼニガタアザラシ（提供：倉澤栄一氏）

図 1-2 襟裳岬とアザラシが上陸する岩礁帯

12

　ゴールデンウィークが過ぎ、動物園の盛況も一段落したころのある日、動物園に行くと獣医さんから声をかけられた。

「車の運転できたよな」

　確かに免許は取っていたが、まだ初心者だ。

　返事に窮していると、「アザラシの調査の手伝いで、襟裳岬まで荷物運びしてくれないか」と頼まれた。事情を聴くと、こういうことだ。

　日本には5種のアザラシがいる。このうち4種は流氷とともにやってくるアザラシたちで、流氷上で出産子育てを行い、流氷とともに帰ってゆく。漫画で有名になったゴマフアザラシの「ゴマちゃん」をはじめ、この4種の子どもたちはみな真っ白な毛で生まれてくる。

　一方、ゼニガタアザラシという1種だけは、一年を通じて北海道の道東沿岸に生息し、岩礁帯で出産子育てを行っているという。このゼニガタアザラシは1970年代から絶滅が心配されているので、その個体数調査が数年前から研究者や地元の動物園職員らのボランティアで始まっていた。帯広動物園は襟裳岬の調査を担当することになっているので、それを手伝えということだった。

　そのころの私は、ゾウや類人猿に関心を持っていた。だから、あまり気のりはしなかったが、調査の意義は感じたので運転手を引き受けることにした。

　襟裳岬に到着すると、すでに数日前からきている学生や動物園職員たちがアザラシの観察をしていた。襟裳岬の先端から2kmほど岩礁帯が連なり、干潮時には数十頭のアザラシが岩礁に上陸して寝そべっているらしい。ちょうど出産期なので、真っ黒な新生子（パップと呼ばれる）に哺乳している様子も見えるはずだという。しかし、岬は晴れてはいたが、観察用の望遠鏡が猛烈な風で揺れるために岩とアザラシの区別などできない。しかも、人を恐れているのか、岬から遠く離れた岩礁に上陸していて、親子の判別など不可能だった。

　それでも、たまに海から丸い頭を出すアザラシは想像以上に大きく、ただただ感動していた。もっとも、地元の漁業者にしてみれば、生活の糧であるサケなどを食い荒らす害獣でしかない。ときには、殺したアザラシを漁網に吊るし、アザラシ除けにするのだという。

## (2)　店晒しとなった天然記念物指定答申

　ゼニガタアザラシは、北海道開拓当時には海岸が真っ黒に見えたというほど

多数が生息していたそうだ。この近縁種が生息する欧米でも、北海道と同様に人の生活圏に暮らしているため、harbor seal（入り江のアザラシ）や common seal（ふつうのアザラシ）と呼ばれ、身近な存在だ。一方で、身近であるがゆえに、古くから毛皮や肉などが資源として利用され、個体数は減少していったのである。それでも、1940 年代の北海道には約 4000 頭が生息していたという報告もある。

その後、第二次世界大戦による物資不足で、船の燃料としてアザラシの皮下脂肪が利用されるようになった。また、その後の毛皮ブームも相まって、乱獲が進むことになったのである。1972 年に研究者による初めての個体数調査が実施されると、北海道内では 100 頭程度しか確認されず、絶滅寸前の状態であることが明らかとなった。

そこで、研究者らは、このデータをもとに文化庁へゼニガタアザラシの保護の必要性を提言した。なぜ文化庁へ駆け込んだかといえば、この当時、絶滅に瀕している野生生物を保護するための法制度は文化財保護法しか存在しなかったからだ。これを受けた文化財保護審議会（当時）は、1974 年に国の天然記念物として指定することが必要であると答申している。

ところが、天然記念物への指定には、地元の同意が不可欠であった。いくら国の審議会が答申を出したところで、アザラシの漁業被害に悩む地元にとっては、害獣の保護など容認できるものではなかった。

ましてや、当時の北海道は、江戸時代からの海岸林の乱伐などによって土壌流出が止まらず、沿岸では深刻な磯焼けと、それに伴う漁獲量の減少に苦しんでいた。とくに襟裳岬周辺では、「えりも砂漠」とまでいわれるほどに海岸が裸地化して、沿岸漁業は壊滅的な影響を受けていた。そこで、戦後になって営林署と漁業者が協力した植林による緑化事業を始め、ようやく土壌流出が止まって、漁獲も回復へ向かい始めていた。アザラシの天然記念物指定が答申されたのは、その矢先のことだったのである。

天然記念物とは、文化財保護法で希少動物を保護する場合に指定されることが多い。しかし、生きものとはいえ、あくまでも文化財であり、基本的には国宝などと同じように手を触れること自体が規制されるようなものだ。動物であれば、捕獲や殺傷、その売買などが原則禁止される。当然、害獣といえども駆除などができなくなってしまうのだから、地元としては認めるわけにはいかな

いのだ。

　当時から植林の苗木や農作物への被害問題が深刻化していたニホンカモシカ（特別天然記念物、種指定）や北限のニホンザル（下北半島の地域指定および種指定）などでは、被害防除対策として電気柵などの設置を文化庁が補助する仕組みができつつあった。しかし、海の動物であり、その生態や漁業被害の実態なども不明なゼニガタアザラシについて、文化庁としても強硬に天然記念物へ指定することはできなかったようだ。

　では、どうすればよいのだろうか。天然記念物指定の是非よりも、このアザラシを絶滅の淵から救い、被害に苦しむ漁師さんたちを救う手立てをつくらなければならない。しかし、なんの知識も経験もない私には、この難問の解決法など思い浮かぶはずもなかった。それでもなんとかしなければならないと思い、大学で同志を募って研究会を立ち上げることにした。

## (3)　ゼニ研の誕生

　このとき、畜産大学で海の野生動物や漁業被害問題に興味を持つ学生がいるだろうか、などとはまったく考えもしなかった。おそらく、どんなことにでもいえると思うが、なにかを始めるときが一番楽しいものだ。数名の立ち上げメンバーたちで、とにかく前向きな話が盛り上がるのを、わくわくしながら感じていた。

　そんな雰囲気も影響したのだろうか。驚くべきことに、20人以上の学生が呼びかけに集まってくれた。こうして、ゼニガタアザラシ研究グループ（通称・ゼニ研）が発足したのである。

　集まった仲間たちと議論して、自分たちのやるべきことは、まずは保護運動ではなく、ゼニガタアザラシの生態や漁業被害の実態を科学的に調査して、具体的な対策や政策の提案を目標とすることにした。もっとも、学生だけでこんな調査ができるとは考えていなかった。以前からゼニガタアザラシの研究や保護活動を展開してきた哺乳類研究グループ（現・日本哺乳類学会）・海獣談話会の研究者の方々にお願いして、調査のイロハから学ぶことにした。

　なにしろ、このアザラシの生息調査範囲は北海道東部沿岸の約300 kmにおよぶ。この範囲に6カ所以上確認されていたアザラシの上陸場所すべてへ、調査員を派遣しなければならない。しかし、車の手配や調査に慣れた学生がにわ

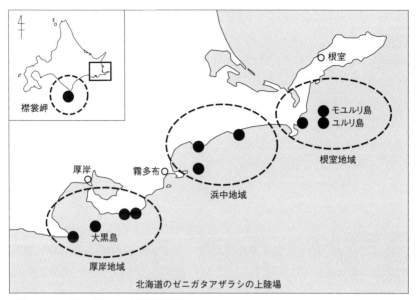

図 1-3　ゼニガタアザラシの上陸場位置図

かにそろえられるわけもなかった。そこで、以前からこの調査に協力してきた畜大の自然保護研究会や自然探査会、それと北海道大学・ヒグマ研究グループの学生にも参加してもらい、6月の出産期と上陸個体数が最多となる8月の換毛期の2回、毎年一斉個体数センサスを敢行することになった。ちなみに、この調査は40年近く経った現在も、ゼニ研やそのOBなどのボランティアによって脈々と継続して実施されている。

　さて、問題は漁業被害の実態調査である。被害地域は広大であり、漁業者を1軒や2軒調べたところで実態把握とはいえない。また、一番問題視されていた秋サケ定置網漁は、9月から12月ごろまで毎日水揚げがあり、たまに顔を出す程度では実態が見えない。講義をサボって交代で現場に張りつくことはできるとしても、なにより問題なのは交通費や滞在費などの調査費だ。ざっと見積もっても一年に100万円近くかかりそうだった。

　そこへ朗報が舞い込んだ。私たちの指南役ともいえる京都大学霊長類研究所（当時）の和田一雄先生から、申請していた民間の助成金が採択されたと連絡があったのだ。しかも、長期の被害実態調査をするため、和田先生が根室半島の

図1-4 アザラシによって食害されたサケ

網元に内諾をすでに得ているという。この地域では、北方四島から回遊してくるゼニガタアザラシがサケ漁業に甚大な被害をおよぼし、しかも毎年100頭以上が定置網に入って溺死して問題となっていた。

この調査では、これらのアザラシの解剖検査もすることになった。わが国では、このような大規模なアザラシ調査は史上初めてのことになる。共存に向けての第一歩が踏み出せるような気がしてきた。

もっとも、のべ何十人もの学生が4カ月近くも大学をサボって漁船に乗り込み、毎日アザラシの解剖をしているということは、大学内でも問題になっていたようだ。私もいくつかの実習はほとんど出席していなかったので、本来なら卒業できなかったはずである。ただ、幸せなことに、なにかに夢中にがんばっている学生の足を引っ張るような先生たちは、ほとんどいなかった。本当に、ただただ感謝するばかりだった。

調査は順調に進み、これらの成果を学会やメディアに次々と発表することができたので、少しずつゼニガタアザラシの知名度を上げる活動に力点を移して

いくことにした。世論の関心も高まってゆく実感はあったが、次は行政に訴えなければならない。

　私たちは、帯広から北海道庁がある札幌や、東京の霞が関へ向かうことにした。

## (4)　害獣は滅びればよいのか

　天然記念物の指定は難しいとしても、アザラシをシカやイノシシと同じように扱うことはできないのだろうか。古くから、わが国でも鳥獣保護法という法律で野生動物の捕獲規制や被害対策などを実行してきていた。私たちは、この法律を所管する環境庁（当時）へ相談してみることにした。

　相談してみて驚いた。この法律は、もともと林野庁が所管していたので、条文には書かれていないが、陸上の動物以外は対象としない慣習だという。まったく納得できないので、食い下がった。しかし、どうにもできないと担当者たちから頭を下げられ、あきらめざるをえなかった。

　環境庁の担当者から、海の動物は水産庁が所管だと教わり、すぐさま水産庁に向かった。ところが、漁業害獣を扱う法律などなく、むしろそんなものは「成敗」しなければならない、と担当者からいわれる始末だった。私が時代劇以外で「成敗」という言葉を聞いたのは、後にも先にもこのときだけである。

　けっきょく、私がゼニガタアザラシに出会ってしまった1980年代前半には、アザラシの保護対策や漁業被害対策を行う行政上の仕組みも体制も、日本では存在していなかった。絶滅危惧種を保護する法律（現在の「種の保存法」）すら、日本で制定されるのは1990年代まで待たねばならなかったのである。

　つまり、アザラシは日本の法制度の狭間にすっぽりと落ち込んでいて、私たちの社会はアザラシの存在すら認知してこなかったのである。アザラシなど存在しなかったのと同じということは、かりにだれかがアザラシを絶滅させても罰せられることはなく、それを止める手立てもないということだ。

　当然、そんな動物による被害者は、泣き寝入りするしかない。この現実に愕然としたというより、希少動物も被害者も救うことができないこの国の理不尽さに、怒りしか感じなかった。

　そうこうしているうちに、私の卒業する年になってしまった。大学院へ進学したいと思ったが、経済的な余裕はなかった。とはいえ、野生動物の獣医師な

どという職も当時は皆無で、夢のまた夢の時代であった。動物園の獣医師も捨てがたく、いくつか試験を受けてみたが、まるで勉強もせずに調査に明け暮れていたので受かるはずもなかった。

そんなときに、アザラシの保護対策を相談に行った折、北海道庁の担当者から受けた言葉を思い出した。「アザラシを守りたかったら、動物の生理生態ではなく、役所の生理生態を研究しろよ！」

いった本人は、大学院で研究を続けてきてから、行政マンになったという経歴の持ち主だった。なるほど、そうか公務員になればよいのだ。妙に納得したので、公務員試験を受けることにした。

かろうじて、県庁の獣医職員に採用され、とりあえず路頭に迷うことはなくなった。せっかく行政で働けるなら、法制度のイロハを勉強しよう。いつの間にか、アザラシも被害者も守ることができる国の仕組みをつくることに使命感を覚えていた。現場に後ろ髪をひかれる思いであったが、こうして私は北海道から旅立った。

# 2 ワイルドライフマネジメント
## ──駆除から管理へ

## 2.1 特別天然記念物の害獣

### (1) 再び大学へ

　私が社会人となった1980年代半ばは、いわゆるバブル全盛の時代であった。好景気の再来となり、一時は下火となっていた大規模開発が、第四次全国総合開発計画の後押しで広がる一方だった。中曽根内閣によって1987年に策定されたこの開発計画は、20世紀末までに1000兆円を投資するという壮大なものだ。これによって、同年に施行された総合保養地域整備法（いわゆるリゾート法）で大規模リゾート施設やゴルフ場の造成が活発となった。さらに、北海道の知床や、青森県と秋田県にまたがる白神山地では、林野庁によって天然林の大規模伐採計画が進んでいった。

　こうした大規模開発の動きに対して、各地の現場では反対運動の狼煙が上がっていた。この時代の経済的な好景気は、無茶苦茶な開発を助長したが、一方で国民の環境意識も高揚させたのは間違いない。環境問題が地球規模となり、さらにまだ生まれてこない次世代にまで悪影響や経済的な負担をおよぼすことになるのが明白となったからだろう。私は世論が開発から環境へと軸足を移してゆく期待を感じていた。

　このころは、私自身の人生の転換点でもあった。公務員生活が始まって半年も経たないうちに、大学に戻る気はないかという誘いをいただいたのだ。日本獣医畜産大学（現・日本獣医生命科学大学）の獣医学科に野生動物学教室なるものを開設するのだという。すでに日本モンキーセンターで研究員をされていた和秀雄先生が助教授として着任され、現在、助手を探しているという話だった。

　私が学生のときには、獣医学科に野生動物専門講座が開設されるなど考えられないことだった。しかし、急速に高まる環境意識もあってか、野生動物に受

験生たちの注目度が年々上昇しているのが理由らしい。もっとも、私は博士号も持たない、ただの獣医師であり、大学教員になることなど考えてもみなかった。しかし、経歴書などを持って和先生を訪ねたところ、すぐにでも赴任してほしいといわれ、お誘いを受けることにした。

じつは、ずいぶん後になって、なぜ私のようなものを採用したのか和先生に訊いたことがある。研究者としても、教員としても、私より優秀な人は探せば見つかるはずだ。

すると、「君ほど私に反抗的な人はいないからだよ」といわれた。新しい分野をこれから開拓するには、教授のイエスマンではダメだと考えたそうだ。確かに私はとんがった性格だと自分でも思うし、今まで褒められたこともないが、人間なにが評価されるのか、わからないものである。

大学へ戻ったことで、比較的自由な時間が持てるようになり、自然保護運動の現場で調査などを手伝ったり、霞が関や永田町でのロビー活動なども始めてみた。まだNGO（民間団体）という言葉がほとんど知られていない時代であったが、パンダマークで知られるWWF（世界野生生物保護基金）の日本委員会が設立されるなど、自然保護NGOの活動は徐々に存在感を示し始めていた。

卒業以来、気にかかっていたゼニガタアザラシの問題には、日本自然保護協会が積極的に取り組んでくれることになった。アメリカ西海岸でアザラシを観光資源として評価するエコツアーが始まったと知るや、北海道えりも町の関係者らが現地を視察してきた。この経験をヒントに、日本で初めてのアザラシ・ウォッチングツアーを試行したのもこの時期である。

## (2)　駆除されるニホンカモシカ

ようやく1980年代後半から地球環境問題へ関心が高まったおかげで、絶滅に瀕した野生動物の保護対策についても政府による検討が始まっていた。しかし、同時にこのころ、天然記念物に指定されていたニホンカモシカやニホンザルによる農林業被害が各地で問題となっていた。当時、日本の希少動物を保護する制度は文化財保護法による天然記念物指定くらいしかなかった。とくに第二次世界大戦（以下、大戦）の戦時下から戦後に多くの大型獣が乱獲され、絶滅する地域もあった。もちろん、希少な動物は狩猟規制法である鳥獣保護法（当時）で捕獲が禁止されていた。そのうえ二重三重に保護の網をかける必要があ

図 2-1　カモシカ保護地域位置図（環境省資料）

るくらい、当時の保護意識は薄かったのである。

　とくにニホンカモシカは毛皮が高価で取引されたため、古くから乱獲による絶滅が心配されていた。そのため 1934 年に天然記念物、1955 年には特別天然記念物に指定されている。それでも密猟の横行に歯止めがかからず、ついに 1959 年、全国的な一斉密猟取り締まりが実施された。このとき約 2000 名が取り調べを受け、164 名が検挙されたという。この事件以降、密猟は激減したが、その一方で、1975 年ごろから、地域によってはニホンカモシカによる林業被害問題が徐々に深刻化するようになった。

その結果、1979年に天然記念物を所管する文化庁、野生動物を所管する環境庁、林業を所管する林野庁の三庁が、ニホンカモシカの天然記念物指定については、種指定から保護地域を定める地域指定に変更し、保護地域外では被害状況に応じて個体数調整を行う方針に転換することで合意した。いわゆる「三庁合意」と呼ばれるものだ。

ただしこの合意は、ニホンカモシカの保護地域を指定することが前提であったが、いまだに保護地域の設定は地元の合意が得られず、40年以上経った現在でも設定されていない。その後、1985年には被害を受けた岐阜県の林業者らがカモシカを被告として訴え、いわゆる「カモシカ裁判」が始まった。

けっきょく、この三庁合意の保護地域は指定されない一方で、こうした被害地域の訴えに、カモシカの個体数調整だけは、なし崩し的に進んでいった。そのころ大規模に始まった本州の天然林伐採は、カモシカ生息地の核心部分を攪乱することになるため、なし崩し的な個体数調整と相まって、批判的な意見が噴出していた。こうした背景で、カモシカ問題がこの時代の象徴的な野生動物問題として注目されるようになったのである。

## (3) 審議会へハガキ作戦

カモシカの個体数調整は、当初、林業被害を軽減するために、岐阜県と長野県で始まったのだが、その後、1985年に愛知県、1989年に静岡県で捕獲地域は拡大していった。ところが、カモシカによる被害は植林地の苗木を食害するだけにとどまらなかった。1991年1月に、山形市がカモシカの捕獲許可申請を県に提出することになった。これは、東北地方で初めての申請であり、しかも農作物への被害が発端となった個体数調整は初めてのことである。

ニホンカモシカは、ニホンジカのように群れて移動することはなく、夫婦で厳格ななわばりを守る動物である。つまり、シカのように高密度化して農林業へ広域に激甚な被害を与えるようなことはしない。だから、被害地をフェンスなどで囲えば被害をなくすことが可能な動物だ。広大な植林地であればともかく、農作物の被害は捕殺に頼らなくても物理的に防止できるのである。

山形市から提出された捕獲申請は、すぐさま県の文化財保護審議会で非公開審議され、捕獲は妥当として県から文化庁と環境庁に捕獲許可申請が提出された。この動きに対して、日本自然保護協会と山形県自然保護団体連絡協議会は

捕獲の反対声明を発表した。自然保護団体は、三庁合意を含めて、ニホンカモシカの保護管理のあり方を再度検討すべきであるとの論陣を張ることになったのである。

　ところが、これまでの審議過程を調べてゆくうちに、最終的な答申を出す国の文化財保護審議会（当時）では、過去に一度もカモシカを捕獲する是非について審議していないことが判明したのだ。けっきょく、三庁合意とは国民の知らないところで決められた官製談合であったということだ。このような理不尽なことがあってよいのかと、私は審議会委員へ直接意見を伝えたいと思った。

　インターネットもメールもない時代である。私は、文化財保護審議会委員と記念物部会委員の全員へ、ちゃんと議論してほしいという趣旨をハガキに書いて投函した。ただ、一人でも多くの意見を届けたいと、ひたすら自分の伝手に電話をかけまくり、共同行動を呼びかけることにした。国の判断を左右する審議会委員（当時5名）に、動物の専門家が一人もいなかったという事実に驚きと批判もあってか、100名以上の方々がハガキを書いてくださった。結果的に審議会の結論は覆らなかったが、それでもこれをきっかけに文化庁として初めてカモシカの個体数調整についての意見を記念物部会長に求めることとなった。

　私はこの経験から、野生動物への人間の向き合い方を、だれがどのように決めるのが正しいのか、と悩むようになった。

　野生動物と人間との軋轢は長い歴史の中でつねに繰り返されてきた。いずれかがその場から滅びない限り、この軋轢は未来永劫続くことになる。それは、人間が野生動物と同じ資源をめぐって奪い合う動物であり、またときとして人間が野生動物自身を資源として利用したがる動物であるからだ。

　こうした獣害や野生動物の絶滅（人害）を防ぎ、軋轢を軽減するための科学を構想したのは、米国のアルド・レオポルド（Aldo Leopold）だといわれている。ウィスコンシン大学の教授に就任した彼が1933年に出版した『狩猟鳥獣管理（Game Management）』は、この分野の先駆けとなった教科書である。彼はこの本の中で、狩猟鳥獣を永続的に利用するには、捕獲数の調整だけではなく、いかに生息地を管理し、また関連する施策を組み合わせなければならないかを説いた。つまり、軋轢を回避するには、科学的かつ計画的に「野生動物と人間と土地の関係」を適切に調整することが必要であることを明快に示し、これがワイルドライフマネジメント（野生動物管理）の基本的な理論となった。その

後、ワイルドライフマネジメントは欧米を中心に科学的にも制度的にも発展し、社会基盤のひとつとなっていった。

じつは、わが国でもこのカモシカ問題をきっかけに、ワイルドライフマネジメントの制度的な導入が主張されるようになっていた。しかし、法制度改正が具体化するには 20 世紀末まで待たなければならなかった。

## (4) 世界最大のブナ林を世界遺産へ

カモシカ問題とともに注目されていた国有天然林の大規模開発の問題は、単に伐採反対ではなく、国有林政策の大転換を求める運動に発展していった。その中心となっていたのは、日本自然保護協会の会長で植物生態学者の沼田眞先生（当時、千葉大名誉教授）だった。沼田先生は、いつも温厚だが、自然保護に対する姿勢は毅然とされ、心から尊敬できる学者であった。とりわけ、天然林の保全に熱心に取り組まれ、国有林政策が利益追求から公益機能保全へと転換する道筋をつくられた。ただし、この大転換は、そうすんなりと進んだわけではない。

私自身、ブナの巨木が伐採されている最中の白神山地へ、調査で駆り出されたことがある。この伐採地周辺では、クマゲラが営巣していた。しかし、伐採が始まると幼鳥の姿が見えなくなり、地元の山岳会や保護団体は伐採の影響で親が巣を放棄したのではないかと疑っていた。野生動物の獣医師として、巣の中にいるはずの幼鳥の死因を診断するようにという依頼だった。

そんなことができるのだろうか、と考える余裕はまったく与えられなかった。それほど現場は切迫していたのだろう。弘前市内で関係者と打ち合わせをすませると、さっそく車を連ねて林道を進み、伐採地へ向かった。現場に近づくと、すでにバリケードが林道に築かれ、国有林の営林署長以下数名が待ち受けていた。

「どういったご用件でしょうか」

ブナの巨木に囲まれた深山で、どういったご用件もないと思うが、要するに勝手に立ち入るのはけしからんということらしい。にらみ合いに近いやりとりをしているうちに、降り始めた雨が激しさを増し、この日の調査は中止となった。

国有林とは、私は「国民の森」だと思っていたのだが、その認識は甘かった。

図 2-2　森林生態系保護地域位置図（林野庁資料）

この時代の国有林は「国家の森」だったのである。

その後、1987 年に林野庁は国有林野の保護林制度を大幅に見直し、各地にある重要な天然森の一部を「森林生態系保護地域」として保全する方針を打ち出した。その地域指定の検討委員会を各営林局に設置して、「民意」で線引きをすることになったのである。

こうした合意形成による意思決定は、当時としては画期的なものであったが、なるべく保護地域を広げたい保護サイドと、地元の雇用と経済のために保護地

域を狭めたい開発サイドが簡単に折り合うわけがなかった。とくに、白神山地では秋田側と青森側で別の営林局が所管しているので、同じ山塊なのにそれぞれの営林局で検討委員会が設置された。明らかにこれは保護サイドを分断する作戦だった。

そこで、日本自然保護協会では各地で保護サイドとして選ばれた検討委員を東京に集め、沼田先生を中心とした秘密の作戦会議を開いた。インターネットのない時代でもあり、まさに保護地域設定は情報戦だったため、このような保護サイドの情報の共有化や意思統一は重要な武器となった。こうして、知床も白神山地も一定面積の保護地域が設定されることになり、これがのちの世界自然遺産登録へ道筋を開いたのである。


## 2.2 法律をつくる

### (1) 絶滅の阻止から回復へ

環境問題に注目が集まる一方で、アザラシの法制度づくりには進展がなかった。ただ、1990年代を目前に国際的には大きなうねりが起こっていた。経済のグローバル化が急速に進行して、多国籍企業が発展途上国での大規模な開発や遺伝子資源を収奪するなど、環境破壊や経済格差を増長させる事態が国際問題となっていた。さらに、地球温暖化が現実のものとなり、人類の存続の危機として地球環境問題が語られるようになった。

そこで「生物の多様性」という新たな保全概念が提唱され、人類史上初めて、「野生生物は人間によって守られなければならない」という倫理観が国際社会に提起されたのだ。それを具現化するため、世界各国の首脳が一堂に会して議論し、新たな国際条約の締結を目指した地球サミットが、1992年にブラジルのリオデジャネイロで開催されることになった。

ここで提案される生物多様性条約では、各国が自国に生息する野生生物の保全を実行しなければならない。それには、まず第一歩として、生息する野生生物種をリストアップして、その生息状況を科学的に評価する必要があった。つまり、国別レッドデータブックを作成しなければならないのだ。しかし、当時の日本にレッドデータブックは存在しなかった。ようやく1989年に日本自然

保護協会とWWF日本委員会が共同で日本産植物のレッドデータブックを公表したが、動物版は手つかずであった。

また、国別レッドデータブックが作成されたとしても、日本にはゼニガタアザラシをはじめとして、絶滅危惧種を保護する法制度が存在しなかった。前述のように、法律のはざまにいる野生生物を絶滅させることは禁止されていないのである。このような状況を変えるため、NGOや研究者、そして環境庁などが新たな仕組みづくりを検討し、提案する動きが始まることになった。

NGOや研究者からは、野生生物全体を網羅的に対象として保護するための「野生生物保護法」を制定すべきと提案された。ここでいう保護とは、草木一本取ってはならぬ、といったものではなく、生物多様性条約が掲げている「生物が進化し続けられる状態を確保する」ということである。環境庁も動物版レッドデータブックづくりに着手し、さらに生物多様性条約に対応できる法律の構想づくりを始めていた。じつは、環境庁でもNGOなどと同様の法制定を目指し、それを支持する研究者らと水面下で議論を重ねていたのだ。この構想は、当時の自然環境保全審議会にマル秘資料として提出されている。

しかし、政権与党や内閣法制局などと折衝するうちに、この構想が保護に偏りすぎているという批判が続出し、経済への影響や財産権の侵害などの理由もついて、法制化に至ることができなかった。けっきょく、野生生物の絶滅を阻止するための法案（絶滅のおそれのある野生動植物種の保存に関する法律）が国会に提出された。いわゆる「種の保存法」である。冷静に考えれば、当時の日本で野生生物全体を網羅する法律などできようはずもなかった。まずは絶滅を回避することから一歩一歩着実に進めるのが現実的だ。

そしてついに、環境庁が法案に先立って公表した日本初の動物版レッドデータブックでは、ゼニガタアザラシが絶滅危惧種（当時は危急種、現在の絶滅危惧II類）としてランクされた。これでようやくゼニガタアザラシが社会から存在を認められるようになったと安堵した。もちろん、これからがスタートなわけだが、なにか肩の荷が下りたような幸福な気持ちだった。

## (2) 裏切られた期待

1992年、地球サミットで合意された「生物多様性条約」を受けて、わが国でもようやく絶滅危惧種を守るための種の保存法が施行された。動物版レッドリ

ストも完成していたので、これですべての絶滅危惧種は保全の対象にできると期待していた。

　しかし、肝心の法律指定種リストが公表されて愕然とした。たった40種しか指定されていないではないか。不完全とはいえ、レッドリストに掲載された絶滅危惧種は1700種を超えていた。しかも、指定された40種のうち35種は、種の保存法の成立を受けて廃止された特殊鳥類譲渡規制法の指定種であり、新たな指定は5種のみだ。哺乳類では、ツシマヤマネコとイリオモテヤマネコのわずか2種のみしか指定されなかった。ゼニガタアザラシは当然のことながら、指定されなかったのである。

　さっそく環境庁に確認すると、今回制定した法律は絶滅危惧種をすべて指定するものではないという説明だ。すべては無理としても、絶滅危惧種のわずか2%とは情けないではないか。レッドリストと法律指定種が連動している米国の絶滅危惧種法（Endangered Species Act）とは似て非なる思想である。

　この状況の背景には、以下の条文があったようだ。

　「この法律の適用に当たっては、関係者の所有権その他の財産権を尊重し、住民の生活の安定及び福祉の維持向上に配慮し、並びに国土の保全その他の公益との調整に留意しなければならない」（種の保存法・第3条）。

　つまり、経済活動や人間自身に被害を与える生きものなど保護対象にはしないといっているようなものだ。絶滅は取り返しがつかない以上、人間も絶滅危惧種もともに暮らせる方法を考えられるのは人間しかいないのである。それを放棄して、絶滅危惧種を守れない種の保存法などなんの意味があろうか。

　さらに聞いてゆくと、なんとアザラシに限らず、海洋生物は水産庁との約束で、そもそも指定できないという。こんなことは国会で議論すらされていないどころか、法律にも書いていないのである。この問題は、10年ほど後になって野党議員たちが水産庁と環境庁の密約文書を国会へ提出させ、この文書自体は撤回されたが、その後も状況はまったく変わらなかった。なによりも、わが国でもっとも絶滅のおそれが高い哺乳類である沖縄のジュゴンですら、指定されることはなかったのだ。

　そうこうしているうちに、ゼニガタアザラシは1998年に絶滅危惧IB類へとランクアップしてしまい、さらに絶滅のおそれが高まっていった。

　同じころ、オーストラリア連邦政府は、9月7日を絶滅危惧種の日（Threatened

Species Day）と定めた。この日は、タスマニア州にあるホバート動物園で飼育されていたフクロオオカミ（タスマニアタイガー）の最後の1頭が死んだ日である。この絶滅危惧種の日は、野生生物を絶滅させるという人間の愚を二度とおかさないために、1996年に制定され、毎年国家行事としてさまざまなイベントが各地で催されている。

　恥ずかしながら私自身が豪州・絶滅危惧種の日を知ったのは、制定されてから10年以上も経ったころだ。現地でその取り組みを目の当たりにして、わが国を憂えた。せっかく種の保存法を制定しても、絶滅危惧種を救えない、ましてやリアルタイムで自身が目撃してきた絶滅の日々を忘れてしまう国との違いを見せつけられた思いだった。

## (3)　科学的管理の黎明——特定計画制度の創設

　ゼニガタアザラシが法律のはざまに置きざりとされたままではあったが、害獣は駆除するという短絡的な思考に、ようやく転換点が訪れた。1999年の通常国会に上程された「鳥獣保護及狩猟ニ関スル法律（以下、鳥獣保護法）」の改正案である。

　この改正案は、全国各地で野生鳥獣による被害問題が深刻化する中で、自民党の国会議員連盟が捕獲の規制緩和を求めた末のものであった。ただし、捕獲の規制緩和を打ち出す一方で、日本の法制度で初めてとなる順応的管理を法定計画として導入することが盛り込まれていた。

　これは、都道府県知事が科学的なデータにもとづいて計画を策定すれば、法に定められた捕獲規制を強化あるいは緩和することができるというもので、「特定鳥獣保護管理計画制度」（以下、特定計画）と名づけられた。たとえば、当時はメスジカが狩猟禁止となっていたが、特定計画で科学的な管理をするなら狩猟解禁にできるのである。

　この改正に先立つ自然環境保全審議会の答申（1998年）では、「……欧米において定着している、目標の明示、合意形成及び科学性をキーワードとしたワイルドライフマネジメントに相当する野生鳥獣の科学的・計画的な保護管理を、わが国においても推進する必要があると考えられる」と述べられている。

　この「保護管理」という四文字熟語は、「マネジメント」の日本語訳としてひねり出されたものだが、要するに自然や野生動物を対象としてじょうずに「経

営」するという意味である。しかし、「経営」ではにわかに意味が通じないので、ここでは「管理」としておこう。

もっとも、相手が自然や野生動物なので、人間の思い通りに管理できるとは限らない。だからこそ、調査によって現状を把握しながら、必要に応じて軌道修正してゆく態度が欠かせない。このような手法を順応的管理と呼び、現在では森林や河川などの自然管理手法として広く導入されている。

考えてみれば、これはあたりまえの手法ではあるのだが、従来の制度では、絶滅しそうになると捕獲を禁止し、再び増えてきたら狩猟を解禁する、というようにオンとオフしかなかったのである。この制度を適切に運用すれば、動物と人間の関係を現場の状況に応じて調整できると期待された。

これまでにない新たな野生動物との向き合い方が提案され、専門家も含めて歓迎される一方で、自然保護団体を中心に批判的な意見も多く聞かれるようになった。この問題を議論するために、1998 年に東京で開催されたシンポジウムは、大きな反響を呼び、講演者や参加者の間で激論が闘わされた。

私もこのときに講演をしたが、総論的には賛成するとしても、現状の体制では反対せざるをえないという論陣を張った。もちろん、ワイルドライフマネジメントをわが国で展開しようという志は大いに賛同した。しかし、マネジメントというからには当然マネージャーが必要なはずだ。ところが、残念ながらそれに該当するポストなど、ほとんどの自治体には存在していなかった。したがって、マネージャーたる人材確保が明記されない改正案は画餅にすぎないと主張したのである。

そもそも、わが国では従来から行政内部に野生動物管理専門の研究者や技術者がほとんど配置されていなかった。その理由は、明治期以降の乱獲によって永らく野生動物が激減していたため、捕獲を規制することが野生動物行政のおもな仕事となっていたからだ。つまり、捕獲の許認可基準を決めさえすれば、捕獲申請がその基準を満たしているかどうかを判断すればよいので、極端な話、だれにでも行政を任せることができたのである。

そんな時代では、科学的な調査にもとづいた順応的管理など必要ないし、当然、マネージャーたる専門家など不要だったのである。しかし、20 世紀末には野生動物と人間との関係は大きく変わっていた。野生動物の個体群はさまざまな理由で増減をしているので、単純な捕獲規制ではマネジメントなどできよう

がない。ただ、その一方で、全国の行政機関に新たな人材をすぐさま配置するなど、社会から支持される状況ではなかった。

　賛否両論の中、鳥獣保護法の改正案が1999年に国会へ提出された。このころは、野党が国会で勢力をある程度維持していたので、国会審議は異例ともいえる長時間にわたった。最初に審議を担当した参議院環境委員会では、私を含めた参考人4名が招致され、それぞれが持論を展開した。審議の末、ようやく人材の育成と確保や十分な科学的データによる計画の策定などの付帯決議を付けて、法案は成立した。

　当初、特定計画は、科学的な法定計画制度として期待された。しかし、あくまでも計画策定は自治体の意思に任されているため、すべての地域で科学的な管理が行われるわけではない。また、日本の地理的な特性として、多くの自治体の境界は山地となっているが、一方、そこは同時に野生動物のすみかでもある。つまり、一般的に野生動物の地域個体群は複数の都府県にまたがって存在しているので、特定計画は隣接県との協議なしにはうまく機能しないものとなっている。こうした広域調整なしに、地域個体群の健全な維持は困難であるが、これを義務づける制度がないことが大きな課題となった。

　それでも、内容は別として、科学的計画的管理が制度化したことは意義が深い。少なくとも、かつてに比べれば野生動物の調査費やスタッフの確保などは進んだ。各都道府県が策定した計画は、6種（クマ、カモシカ、サル、シカ、イノシシ、カワウ）合計で147計画（2018年現在）にのぼり、少なからず成果を出している自治体もあるからだ。

　さて、この法改正の機会に、またしてもゼニガタアザラシを法の対象種にすることはできなかった。ところが期せずして、この3年後に大きな転機が訪れることになった。なんと、北海道で希少猛禽類が鉛銃弾を誤飲した結果、鉛中毒で大量死が発生して、大きな社会問題となったのだ。

　原因は、大量に捕獲されたエゾシカの死体が山野に放置されたことにあった。このころ、エゾシカの捕獲頭数は10万頭を超えるようになっていたのだ。エゾシカは体重100kgを超える個体も多く、その肉や皮を利用するにしても、雪原に倒れた巨体を回収するのはたいへんな労力で、場所によっては累々と死体が散乱していた。

　おもに鉛中毒で死亡したのは絶滅危惧種のオオワシやオジロワシといった海

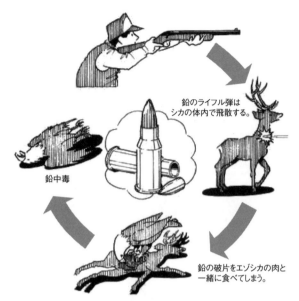

図 2-3　猛禽類の鉛中毒が発生するメカニズム（出典：大日本猟友会HP）

ワシである。基本的に魚食性の猛禽類だが、労せず餌にありつけるならエゾシカでも食べる。しかし、海ワシのくちばしは曲がっているので、硬いシカの皮膚を割くことは難しい。そのため、銃弾で空いた皮膚の部分から肉を食らうのだが、同時に鉛銃弾の破片も飲み込んでしまうのである。

　鉛は少量でも猛毒だ。このまま放置すれば半世紀もかからずオオワシなどは絶滅すると予測をはじき出す研究もあった。すでに欧米など一部の国では鉛弾の使用禁止が始まっており、銅やタングステンといった比較的毒性が低い弾に切り替えが進んでいた。そのため、日本でも鉛弾を使用規制するなどの法改正が緊急に必要となったのである。

　ちょうどそのころ、まったくこの問題とは無関係に、古い法律の条文を口語体化する方針が法務省から出されていた。当時の鳥獣保護法は、明治時代の1895年に制定された狩猟法が起源であるため、条文が文語体であり、かつカタカナ表記となっていた。ただでさえ、よくわからない条文なので、正直なところ私もなにが書いてあるか理解できていなかった。

　そこで、鉛弾規制をする法改正に合わせて、すべての条文を口語体に直すこ

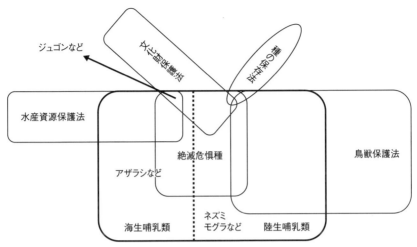

図 2-4　日本の野生動物関連法における対象種（哺乳類）の模式（2002 年当時）

とになったのである。しかし、この改正作業は単純に文語体を口語体に直すというものにとどまらなくなってしまった。通常、現代法では、条文中に出てくる文言を誤解のないように定義する。ところが、古い法律ではこのような定義規定なしに使われている文言が多いのである。とくに、「鳥獣」の定義が大問題となった。

　これまでも、「鳥獣保護法」と名乗りながら、かつて林野庁が所管してきたために、勝手に「鳥獣」とは陸上の動物と解釈され、ゼニガタアザラシなどの海生哺乳類を法律から除外してきた。そのうえ、林業害獣であるネズミやモグラの仲間も、ついでに除外されてきたのだ。現代法では、このようなご都合主義の解釈をなくすために、「鳥獣」をきちんと定義しなければならないのである。

　改正案では、「この法律において『鳥獣』とは、鳥類又は哺乳類に属する野生動物をいう」（第 2 条）と定義することになった。わが国には約 600 種の鳥類と約 200 種の哺乳類が生息している。これらがすべて法の対象となり、許可なく捕獲が禁止されるというのだ。当然、ゼニガタアザラシも含まれることになり、ついに人間社会の管理下に置かれることになった。

　しかし、ここでも水産サイドから横やりが入った。クジラをはじめとした海生哺乳類は、水産関係の法令等で適切に管理されているというのが理由だ。結

果的に海生哺乳類は、条文の文言は変えずに、資源性が認められないジュゴン、ニホンアシカ、アザラシ5種のみが対象となった。それ以外のクジラやイルカ、トドなどは、適用除外規定（第80条）で法の対象外となったからだ。

それでも、この段階でゼニガタアザラシは晴れて法の指定種となり、わが国の社会でようやく市民権を得ることができた。さっそく環境省が予算を確保し、この後、生息実態などを把握する調査がスタートすることになった。思えば、襟裳岬で調査に参加して20年。長かったが、これで苦労が報われるような気がした。しかし、これも後述するように、裏切られることになる。

## 2.3 森とシカの一体管理

さて、ようやく20世紀末に導入された特定計画で、わが国のワイルドライフマネジメントは曲がりなりにもスタートした。ただし、その多くが被害対策のための個体数調整に終始しており、その真価が発揮されているわけではない。

では、具体的にどのように進める必要があるのだろうか。もちろん、理想像

図2-5　丹沢のニホンジカ

はきりがないし、成果が出ていてもなにも問題を抱えていない事例はないだろう。ここでは、私が関わった事例から、ワイルドライフマネジメントとはなにかを考えてみよう。それは、神奈川県丹沢山地で起こったシカ問題である。

## (1) 丹沢のシカ問題

大戦後、拡大造林政策によってさかんに植林が行われていた時代には、林業害獣といえばノウサギやノネズミのことであった。彼らは、苗木の芽や根をかじり、枯らせてしまうからだ。

その後、しばらくして前述したカモシカ問題が発生する。カモシカは苗木を枯らせることはあまりないが、頂芽を食べてしまうので、木が成長した後の木材価値が低下するとして、被害問題となった。このころから、ノウサギやノネズミの問題は徐々に忘れられていった。

そして、1990年代になってシカ問題が勃発する。シカは角を磨ぐ際に樹皮をはがしたり、樹皮を食べるなどして、大木でも枯らせてしまうことがある。現在では、林業被害の大半がシカによるものとなっている。

このように、時代とともに林業害獣の主役は交代してきたが、これは野生動物たちの力関係で起こったものではなく、人間による森林の扱い方に対して彼らが反応した結果にすぎない。こうした被害問題の変遷から、野生動物に配慮しない森林開発によって、私たちは大きなしっぺ返しを受けると学んだ。

しかし、シカ問題はこれまでの林業被害問題の域を超え、森林生態系の破壊問題というべき様相を呈してきた。日光の戦場ヶ原や尾瀬などの高層湿原、トウヒ林で有名な大台ヶ原、さらに世界自然遺産の屋久島や知床など、わが国の自然を代表する国立公園でシカによる自然生態系への影響が深刻化しているのだ。本来、手つかずの自然を守るはずの国立公園で、もはや手をこまねいていられる状況ではなくなってしまった。

では、なぜこのようなシカ問題が発生したのだろうか。

丹沢山地は約4万haの山塊で、東京都心からもっとも近い大自然として古くから多くの人々に親しまれてきた。大戦前の丹沢山地には、2000–3000頭のシカが生息していたと見られる。しかし、戦前から戦後にかけては禁猟区の設定がなされたにもかかわらず、密猟や乱獲が行われ、1960年代には約50頭にまで激減したとされる。1950年代に自然保護運動が活発になり、丹沢山地は県

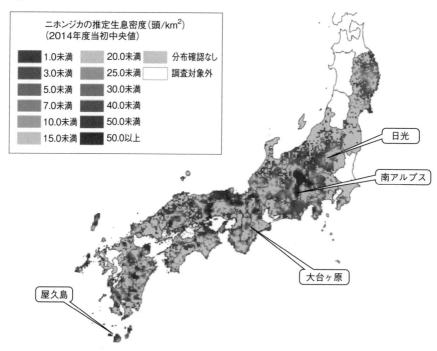

図2-6　シカの生息密度とおもなシカ問題の発生地域（環境省資料より作成）

立自然公園や国定公園に相次いで指定され、シカは丹沢の自然保護の象徴として全面禁猟となった。

　ところで、そもそもシカは平野の動物であった。武士の狩猟対象として保護されていたこともあり、江戸期までは関東平野に広くシカは分布し、現在の東京23区内にまで群れが生息していた。しかし、明治期の乱獲により、多くの大型野生動物が平野部では絶滅してしまった。このとき山岳地帯にかろうじて生き残ったシカたちも、戦後までは息を潜めて生きてゆくほかはなかった。

　こうして平野部から山岳地帯へシカを閉じ込めたことが、シカ問題の出発点となる。そして、さらにこの後、シカ管理の大きな失敗が現在のシカ問題に発展するのである。

　ひとつめの失敗は、ゾーニングによる保護政策である。神奈川県では、徐々にシカの個体数が回復してきたため、1970年に全面禁猟を解除して約半分の地域を猟区として管理すると決めた。また、1970年代には標高の高い国定公園の

核心地域を特別保護地域や鳥獣保護区に、またその周囲に猟区を設定したのである。

このゾーニングによるシカの管理方法は、その後に全国で行われたが、当時としては先駆的なものと考えられていた。しかし、これは単に可猟地域を定めただけで、具体的な調査にもとづくシカの管理ではなかった。しかも、丹沢ではシカの生息には適さない高山帯を保護区とし、そのうえ設定以来35年間、それらの区域は固定されてきた。なぜなら、保護区に設定できるのは、人間にとって開発に不向きな経済的に価値のない場所だったからである。

その結果、猟期になるとシカは保護区内に逃げ込み、保護区を中心として植生の劣化は著しくなっていった。シカは1日5kgもの植物を食べる動物である。しかも、シカはカモシカと違ってなわばりを持たず、また大きな群れを形成する。だから、植物の生産性が低い山岳地帯に閉じ込めてしまうと、シカは森を破壊して草原に変えてしまう動物なのである。当然、はなはだしい場合には土壌流出が発生してしまう。

さらに、シカの生息地管理の失敗が追い討ちをかけた。全面禁猟が行われていた1950-1960年代に拡大造林政策による大規模な森林開発が行われた。その結果、天然林に比べシカの餌資源が約10-20倍に増加し、爆発的な個体数増加の一因となった。

1980年代に入ると、丹沢でもシカの密猟が横行し始めた。おもに使われたのが針金製のククリ罠である。金物屋などでふつうに売っている太めの針金で、直径1m程度の輪をつくってシカ道に仕掛け、片方の端を近くの立ち木に巻きつけるだけの簡単な構造だ。

私もシカ道を歩いていて、この罠にかかったことがある。うす暗い森の中だったので、罠はまったく見えなかった。首筋にヒヤリとなにかがあたったので、もしやと足を止めた。私は後ずさりして、難を逃れたが、これがシカだったら驚いて前に突進していただろう。その途端に針金の輪が閉まり、首が抜けなくなってしまうのだ。しかも、この罠はシカのみならず無差別に野生動物を捕獲してしまう。これが丹沢からクマやカモシカも激減していった一因になっていたのかもしれない。

このころ、シカの研究者や自然保護団体などが主催して、丹沢の密猟罠を撤去するキャンペーンが毎年行われていた。毎回、50名ほどのボランティアが参

図2-7 ククリ罠で密猟されたシカ（上と右）と丹沢山地でのククリ罠はずしキャンペーンの様子（提供：石井隆氏）（下）

加し、大きな尾根筋を選んで一斉に探索と撤去に入る。半日ほどで100個近い罠が回収されるのだから、野生動物たちには大きな脅威となっていただろう。

　このような違法行為を放置できないと思い、私たちは一度だけ環境庁へデータを持って説明に行ったことがある。対応してくれた担当者は、密猟罠の設置場所をマークした地図を前にして、腕組みをしながら困った顔をしていた。しかし、隣に座った上司から「法治国家たる日本で、密猟が横行しているとは考えられない」と断言され、二の句が継げなかったことを覚えている。

　密猟が横行する一方、神奈川県では1970年代からシカと林業との共存を目指し、新たに植林する場所には公費によって防鹿柵が設置されてきた。そのころには防鹿柵の総延長は700 km以上に達し、植林への被害は激減した。しかし、丹沢はわずか20 km四方の小さな山塊である。この長大な防鹿柵はシカの生息域を大幅に狭めてしまった。さらに、せっかく被害を免れて成長した植林地でも、手入れ不足で間伐されないため、下草が生えずに土壌の流出を招いた。

図2-8 農地を守る防鹿柵

当然、そこはシカの餌が生育しないため、生息地としては利用できなくなってしまったのである。一時は、このように荒廃した森林が、民有林の約8割にまで達した。

このように、私たち人間がシカや森との関わり方を誤った結果、丹沢山地の生態系は大きな影響を受けてしまった。つまり、シカ問題とは、シカの問題ではなく人間の問題であったのだ。

### (2) 民間主導の総合調査と政策提言

もちろん、丹沢山地の生態系に影響を与えているのはシカだけではなく、京浜工業地帯からの大気汚染物質、年間700万人を超える国定公園利用者のオーバーユースなど、さまざまな原因が考えられた。そこで、神奈川県は「丹沢大山自然環境総合調査」を1993-1996年度に実施した。

この調査の特徴は、生態系の異変を解明するための科学的調査にとどまらず、

研究機関の専門家と市民が協力して約 500 名にのぼる調査団を結成し、その調査結果をもとに調査団が県へ政策の提言を行ったことにある。

この調査の結果、前述したシカ問題のメカニズムや、丹沢山地のシカが開発や交通網の発達により孤立した個体群となっており、この個体群を維持しつつ生態系を回復していかなければならないという難しい課題が明らかになった。孤立個体群の保全に関しては、調査団は林野庁や環境庁に働きかけ、丹沢山地を含めた一帯が「緑の回廊構想」の事業地として全国初の指定地区になった。これは調査団が行った政策提言の成果のひとつである。

さらに、調査団は丹沢山地のシカの管理を含めた生態系の保全管理に至る 2 つの大きな提言を行った。それは、丹沢山地を保全するのに必要な対策を実行するためのマスタープランの策定と、モニタリング調査や管理を実行する新たな機関の設置である。

これを受けた神奈川県は、1999 年に「丹沢大山保全計画」を策定した。科学的な自然環境の管理、生物多様性の原則による管理、県民と行政の連携を基本方針とする 4 つの主要な施策を決定したのである。その 4 つとは、ブナ林や林床植生の保全、シカやツキノワグマなどの大型野生動物個体群の保全、希少動植物の保全、オーバーユース対策である。

また、県は 2000 年に「自然環境保全センター」を設立した。これは、県が所管する 5 つの関係機関（県立自然保護センター、箱根自然公園管理事務所、丹沢大山自然公園管理事務所、森林研究所、県有林事務所）を統合し、保全計画の総合的な推進機関として位置づけたのだ。職員数 100 名を擁し、教育、公園管理、研究、野生動物や森林の管理を一元的に行う機関は、全国でも例のない画期的なものとなった。

この保全計画では、シカの個体群とその生息地である森林との一体的な管理を目指した。先に紹介したレオポルドが提唱したように、科学的かつ計画的に「野生動物と人間と土地の関係」を適切に調整することを目標に掲げたわけである。そのためには、野生動物だけではなく、土地も人間活動も管理しなければならないのだ。

そこで、科学的な調査による個体群管理や森林管理、さらに被害防除対策をエリアごとに組み合わせ、計画的に進めるための実行計画を策定した。この実行計画は、前述した保全計画の主要施策である「大型野生動物個体群の保全」

の事業として位置づけられ、1999 年に施行された改正鳥獣保護法にもとづい
て、2003 年から「神奈川県シカ特定鳥獣保護管理計画」となった。現在、全国
でシカを対象とした特定鳥獣保護管理計画は 43 都道府県で策定されているが、
このような生息地管理計画の中に位置づけられているものはほかにない。

## (3) シカの管理は森の管理

　丹沢山地のシカ管理では、標高によるゾーンごとに目標を設定した。標高
800 m 以上の天然林地帯では、本来シカの生息域ではないことから大幅な密度
低減を実施し、自然植生の回復を目標とする。これまで天然林地帯はシカの保
護区になっていたので、真逆の発想を選択したことになる。

　一方、標高およそ 400-800 m の中標高域にある人工林地帯では、シカの生息
環境の整備を実施し、環境収容力の増加を目指す。具体的には、人工林の間伐
などによって光が地表までよく届くようにして、シカの餌となる下層植生を増
やそうというものだ。

　また、それより標高が低い里地里山の地帯では、シカの分布拡大によって農
作物被害が懸念されるため、農地や集落周辺にフェンスなどを設置してシカの
分布域管理を行い、被害の軽減を図ることとした。

　この保護管理計画では、丹沢山地を 56 の管理ユニットに区画し、それぞれ
のユニットで具体的なシカの捕獲目標を設定した。これは植生の劣化が著しい
ユニットではシカの生息密度が高く、それぞれのユニットに適した捕獲数を決
定するためである。このような計画的な個体数調整を、丹沢では管理捕獲と呼
ぶ。管理捕獲は、従来からの保護区であっても実施しなければならない。

　当初の管理捕獲は、神奈川県が猟友会に委託して、狩猟期間の終わった 3 月
に限定して実施するだけだったが、管理捕獲が行われたいくつかのエリアでは、
実際にシカの生息密度の低下が見られた。しかし、積雪やハンターの高齢化な
どの問題により、十分に捕獲が進まないことも事実だった。

　また、低標高域では、管理猟区でメス猟解禁を実施した。当初の捕獲数はお
よそ年間 800 頭で、メス個体の占める割合も徐々に増加していることから、個
体数減少が期待された。これらの保護管理を実施していくには、モニタリング
が不可欠である。神奈川県ではサルの保護管理計画も含め、年間およそ 2000
万円の予算で実施してきた。

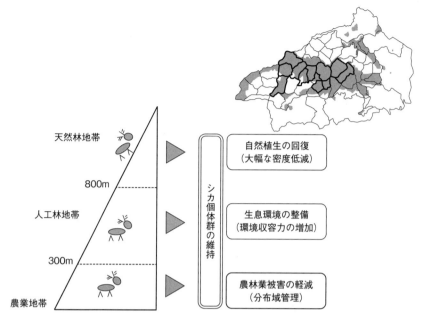

図2-9 シカ管理ユニット(右上、灰色の部分は鳥獣保護区)と標高別シカ管理目標(提供：神奈川県自然環境保全センター)

　ところが、これらの事業は、徐々にではあるが成果が出始めたものの、丹沢の状況はその後も悪化し続け、対策の抜本的な見直しが必要だと指摘されるようになった。とくに、丹沢の保全に関する事業は県だけでなく、国有林事業やNPO事業、河川事業と多岐にわたっていた。にもかかわらず、さまざまな実行主体による事業が同時に、しかもバラバラに展開されてきたのである。つまり、それらの事業の統合や連携がなされていないため、結果的に生態系の保全が効果的に進まないのではと考えられるのだ。丹沢で目指している森林とシカの一体的管理の実現には、行政の縦割りを統合化する強固な仕組みをつくる必要があった。
　さらに、丹沢大山保全計画自体には、シカ保護管理計画のようなモニタリング結果や県民の意見などを反映する仕組みがまったくなかった。そこで、抜本的に丹沢の保全に関する仕組みを見直し、科学的なデータにもとづく政策提言を行うため、「丹沢大山総合調査(以下、総合調査)」が2004年から2年間で実

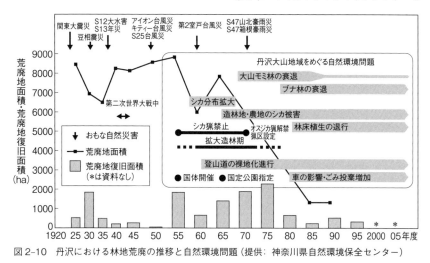

図2-10 丹沢における林地荒廃の推移と自然環境問題（提供：神奈川県自然環境保全センター）

施されることとなった。

　この総合調査は、生きもの、水と土、地域（社会経済を含む）、情報整備の4つの研究チームから編成され、実行委員会形式で官・民・学が一体となって、400名を超える調査団が問題解決型の学際的研究を行うことにした。

　実行委員会では、調査結果を総合解析して、知事へ政策提言することを目指した。私は、この政策案づくりを担うことになり、調査団のメンバーと何度も合宿やワークショップなどで缶詰になりながら議論を重ねた。

　ようやく、2006年に丹沢の自然と地域を再生させるための「自然再生基本構想」をとりまとめ、構想を実現するための政策を知事へ提言した。神奈川県は、この提言を受けて県の行政計画として新たに「丹沢大山自然再生計画」として実行する方針を固めたのだ。

　丹沢の問題は、森から海までの流域全体の問題であるという認識のもとに、順応型、統合型、参加型の3つの管理体制を基本とした。そして、県を含めた多様な実行主体が参画する「自然再生委員会」を設立して、計画や事業の効果を評価する仕組みで進めることになったのである。

　折しも、神奈川県では「水源環境保全税」が2007年度から導入されることになった。この新税は、水源地域の自然環境の保全・再生や水質汚濁対策などを目的として、県が独自に検討を進めてきたものだ。県民税に超過課税し、年

間約 39 億円の財源を丹沢山地の森林保全や再生などに投資する計画だ。

じつは、この新税の制度設計に私たち自然科学系の研究者も関わっていた。最初に新税を構想したのは、1995 年に就任した岡崎洋・知事（故人）の時代までさかのぼる。岡崎さんは、大蔵官僚出身で、知事になる前は環境事務次官を務め、環境税の導入に意欲的な方だった。人間生活でもっとも重要なライフラインの「水」とそれを育む環境の保全を目的に、水源の保全に関わる新税の構想は膨らんでいった。そして、それまで検討を重ねてきた神奈川県地方税制等研究会に、2001 年から生活環境税制専門部会を設置して本格的な議論が始まったのである。

ところが、その部会には財政学などの社会科学系の研究者は参加していたが、実際の生態系の保全や林業を含めた森林管理の専門家はいなかった。これらに関わる税金の使い道の話をするには、その分野の専門家が必要だということになったらしい。翌年から私たちも一緒に検討することになったというわけだ。

しかし、新たな税制の制度設計などといわれても、私たちはまったくの素人なので、社会科学系の方々の発言がまったく理解できない。逆も同じで、しばらくは、まるで宇宙人どうしが会話しているようなありさまだった。

ただ、喧々諤々の議論をしていると、徐々におたがいに理解できるようになっていった。たとえば、自然を管理するからには税金の使い道もモニタリングデータにもとづいて順応的に随時見直しを図る、健全な水環境を育むには森林管理だけではなく生物多様性の保全が必要、といった提案が最終報告書に盛り込まれた。そして、「参加型税制」という納税者が科学的に税金の使い道を決める、斬新な新税の構想が生み出されたのである。

ところが、これを県議会に提案したところ、与野党からそろって批判が出た。要するに、県民にとってはどんなに崇高な理想があろうと、増税には変わりないからだ。結果的に、新税の使途は水資源確保に直結する森林整備事業に限られ、生態系の回復につながる自然再生へ直接投資することには十分な理解が得られなかった。

もっとも、生態系の回復なしに水源の確保ができないのは自明である。幸い、新税の運用にあたっては、科学的モニタリングをもとに施策を軌道修正する順応的管理方式が採用された。しかも、これらの判断は納税者や専門家などで構成される「県民会議」に委ねられることになっていた。いろいろ課題はあるに

せよ、2007年から新税はスタートとなり、私たちは5年後の事業の見直しを待つことにしたのである。

その後、予想外のスピードで見直しが検討される結果となった。方針転換の最大の理由は、この新税によって一気に進んだ間伐などの森林整備とシカ管理が整合していないことにあった。それまで年間数百ha程度だった森林整備面積が、新税の導入によって年間約2000haとなり、当然のことながら、整備された森林では日当たりの回復によって下層植生が急速に繁茂し始めた。この結果、整備された森林に餌を求めたシカたちが集中し、根こそぎ食べつくしたところへ大雨が降り、山全体が崩れるという事態が発生するようになったのだ。さらに、餌を供給されたシカたちは繁殖力も回復し、せっかく減らした個体数も戻ってしまった。

森林を整備する場所は、事前に人間が決めるのだから、その地域で予めシカの管理を実施しておけばよかったはずだ。やはり、森林の管理とシカの管理は一体的に行う必要があったのである。

けっきょく、2012年度から始まった第2期の事業計画では、これらのモニタリング結果などにもとづいてシカ管理を含めた自然再生事業へも新税が投資されることになった。この方針転換によって、整備した森は少しずつ下層植生が回復するようになった。

もちろん、個体数調整の手法にも工夫が必要だった。里山地域であれば捕獲場所へのアプローチも短く、また地の利のある地元のハンターならシカを追い込む場所も知っている。しかし、丹沢では長年にわたって標高1000m以上に位置する鳥獣保護区でシカが高密度に生息しているため、そこでの捕獲圧を上げなければならない。ハンターが高齢化していることもあって、高標高域での捕獲は大きな負担となった。

そこで、神奈川県では、シカの捕獲などに特化した専門職員を雇用することになった。ワイルドライフレンジャーと呼ばれる彼らは、300mほど離れた距離からでもシカを捕獲できるライフルを使用し、年間を通じて捕獲や調査に従事するプロ集団である。

5名配置されたワイルドライフレンジャーたちは、年々腕を上げてゆき、今では100m以内であれば命中率がほぼ100%となった。捕獲効率から考えると、このような専門職員を常勤として雇用しても、コスト的に見合うこともわ

図 2-11　ワイルドライフレンジャー（提供：神奈川県自然環境保全センター）

図 2-12　丹沢山地・堂平における植生回復（左：2017 年、右：2012 年）

かった。

このほかにも土壌保全対策などの多様な取り組みを進めた結果、丹沢のシカの生息密度は10年間で約3分の1にまで低下し、さらに人工林も天然林も下層植生が回復してきている。もちろん、下層植生はまだまだシカが好まない植物が多く、本来の植生が回復したとまではいえない。

また、どの程度の密度でシカを維持し続ければ、自然が再生したといえるのか、まだ私たちは答えを知らない。しかし、半世紀以上にわたって人間が攪乱してきた森である。今後もモニタリングを続けながら答えを探し続ける必要があるのだ。

これまで見てきたように、ワイルドライフマネジメントとは単なる個体数の数合わせではない。個体数の調整に限っても、当然のことながら、狩猟者任せにするだけでは問題は解決しない。マネジメントにはマネージャー（管理者）が必要なのである。次に、管理者とはだれが担うべきかを考えてみよう。

## 2.4 ワイルドライフマネジメントと管理者

### (1) だれがマネジメントするのか

人間は近世以降、大規模に土地の改変ができる能力を持つようになった。とくに、大戦後のわが国では、国土面積の7分の1に達する森林を短期間に改変し、広大な人工針葉樹林帯を造成した。このような大規模な国土改変は有史以来、初めてのことである。

ワイルドライフマネジメントの考えに従えば、野生動物の保全を意識した土地の管理が必要だったはずだ。逆に考えれば、土地を改変するからには野生動物も管理すべきだった。マネジメントとは、「管理」というより、むしろ「経営」のほうがふさわしい日本語訳と述べたが、いわば、野生動物を含めた地域の自然資源を適正に経営するという考え方である。

土地と野生動物のバランスをとり、しかも野生動物の絶滅や野生動物による被害の増加などを防止するためには、明確な経営目標を決めなければならない。当然、その目標を達成する手法を選択するには、さまざまな角度から科学的なデータを得ながら、適切な手法を試す必要がある。

このような試行錯誤を不断に続けることを、ワイルドライフマネジメントと呼ぶのだ。しかし、大規模な国土改変の時代には、その発想はなく、野生動物のあるものは絶滅に瀕することとなり、またあるものは爆発的に増加することになった。

その後、被害問題をはじめとした野生動物問題は、多様化かつ複雑化してしまった。これらの対策には、諸外国の例を引くまでもなく、野生動物に関わる専門知識と技術を有した専門職が必要である。それは、マネジメントをする以上、マネージャーが必要なのは自明だからだ。しかし、わが国では先進国で例外的といえるほど、こうした専門職が対策の実施主体である行政機関や民間団体にほとんど配置されていない。

これでは問題の解決が望めないのは当然である。もっとも、こうした人材の育成はかねてより国会ですら必要性が指摘されてきた。しかし、専門職の雇用が保障されない時代に、その育成教育に乗り出す大学はほとんどなかった。野生動物専門職の人材育成や確保には、こうした専門職に対する社会認知が欠かせない。ようやく最近になって、深刻化する農作物被害の対策を進めるため、野生動物専門職を確保する必要性が少しずつではあるが、認識されるようになったと思える。

農林水産省では、2006年度より専門家を人材登録し、地域に紹介する制度（農作物野生鳥獣被害対策アドバイザー登録制度）を創設した。さらに、2007年度からは、国家資格化した普及指導員（旧・農業改良普及員）の試験科目に「鳥獣被害対策」が採用され、全国で約8000名（当時）いた農業普及関係の公務員が、業務として野生動物対策に関われる制度がスタートした。しかし、人材不足は否めず、2018年現在、前述のアドバイザーは全国で205名しか登録されていないのが実情だ。

一方、都道府県では、鳥獣保護法で1999年に創設された特定計画制度によって、科学的な調査にもとづいて個体数管理等を実施することとなった。この計画を遂行するために野生動物対策の専門的な知識や技術を持った技術者が必要となったが、こうした職員を配置している自治体はきわめて限定的である。

また、野生動物管理に関わる自治体の試験研究機関は、北海道、岩手、神奈川、兵庫などに限られ、多くの自治体における調査などは民間調査会社への委託に依存しているのが実態で、専門技術者の不足は深刻である。

環境省では、2007年より野生動物保護管理に関わる知識や技術を有する専門家の認定制度を検討し始め、2009年度から認定人材登録事業を創設した。これは、おもに特定鳥獣保護管理計画の実効性を高めるため、計画立案、モニタリング、捕獲の各分野におけるエキスパートを登録する仕組みだ。こちらのほうも、2018年現在、たったの133名しか登録されていない。

このような背景から、野生動物による農作物被害等の問題解決が進まないため、議員立法により制定された鳥獣被害防止特別措置法（以下、特措法、農林水産省所管）が2008年2月に施行され、史上初めて野生動物対策専門家の人材育成を国や自治体の努力義務と位置づけた。

この特措法は、市町村が被害防止計画を策定して主体的に被害対策を促すことが主眼に置かれている。すでに、全国で1741ある市町村のうち、1479市町村が被害防止計画を策定しており（2018年度現在）、今後は国や都道府県だけではなく、市町村の職員や地域の指導者といった立場での専門職の必要性が高まると予想される。

## (2) 管理者を育てる取り組み

2013年の年末に、突然、環境省と農林水産省が10年後にはシカとイノシシの個体数を半減させるという衝撃的な発表を行った。本州以南に生息するシカの個体数が約260万頭と推定され、このままの状況では2025年までに500万頭を突破するのだという。

わが国でワイルドライフマネジメントの考えを取り入れた特定計画制度が創設されて15年。発足当時は野生動物政策に新たな歴史が始まったと期待されたが、この計画制度の進展は思わしくなく、さらに近年の狩猟者の減少とともにシカやイノシシが急増している。この発表は、この状況にいらだつ政権与党からの強い圧力があった結果と思われた。

この発表を受けるかたちで、2014年5月に鳥獣保護法の改正案が国会で成立し、名称が「鳥獣の保護及び管理並びに狩猟の適正化に関する法律」（略称：鳥獣保護管理法）となった。こうした政治的な動きを背景として、鳥獣保護法を大幅に改正して、捕獲を規制する「保護」から、個体数削減を基調とした「管理」に施策の軸足を移すこととなった。

改正法では、シカなどの集中的かつ広域的に管理を図る必要がある野生動物

### 個体数推定の結果（ニホンジカ）

平成元(1989)-平成28(2016)年度の捕獲数等から全国の個体数推定を行ったところ、全国のニホンジカ(本州以南)の個体数は、中央値で約272万頭(平成28[2016]年度末)となった。

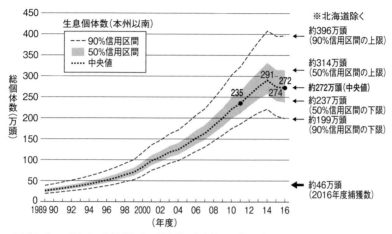

※平成28(2016)年度の自然増加率の推定値は中央値1.16(90%信用区間：1.08-1.25)
(参考)平成28(2016)年度の北海道の推定個体数は約47～55万頭(北海道資料)

### 個体数推定の結果（イノシシ）

平成元(1989)-平成28(2016)年度の捕獲数等から全国の個体数推定を行ったところ、全国のイノシシの個体数は、中央値で約89万頭(平成28[2016]年度末)となった。

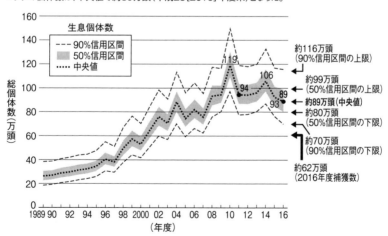

※平成28(2016)年度の自然増加率の推定値は中央値1.64(90%信用区間：1.46-1.79)

図2-13　シカとイノシシの推定個体数推移（環境省資料）

を環境大臣が「指定管理鳥獣」として定め、国や都道府県が積極的に管理事業を展開することが期待されている。また、野生動物の管理能力があると知事が認定した専門事業者（認定鳥獣捕獲等事業者）に捕獲等の事業委託をした場合、指定管理鳥獣が対象の場合は夜間銃猟を規制緩和するなどの仕組みが盛り込まれた。もはや、行政だけには任せられないので、民間の力を野生動物管理に活かそうという発想だ。

この結果、従来から農林水産省の交付金制度としてある鳥獣被害防止特措法関連予算に加え、2015年から環境省の交付金措置がスタートした。この交付金は、国や都道府県が鳥獣保護管理法にもとづいた指定管理鳥獣捕獲等事業を実施する場合、その事業費に対して支援されるもので、また事業の全部または一部を認定鳥獣捕獲等事業者に委託することができる。これらは、いわば野生動物管理事業の「公共事業化」ともいえる制度であり、年間100億円を超える税金が投入されることになった。

今のところ指定管理鳥獣としてシカとイノシシが指定されている。さらにニホンザルやカワウを指定すべきという声は大きいのだが、サルやカワウの個体群管理技術はいまだ標準化されていない。このような状況で、むやみな捕獲が強化されると、地域的な乱獲や群れの分裂による被害拡大などが懸念されるため、しばらくは指定が見送られている。

保護から管理へと転換を果たした鳥獣保護管理法であるが、本来であれば、法改正によって必要なのは行政の専門技術者（マネージャー）であった。今回の法改正に先立って出された中央環境審議会答申でも、管理法への転換とともに、繰り返し専門技術者の必要性を述べている。また、これまでも鳥獣保護法の改正案が国会に上程されるたびに、このことが付帯決議として示されながら、今回の改正でも、その配置を法制化できなかった。

じつは、2007年に議員立法された鳥獣被害防止特措法では、専門技術者の育成を国や自治体に努力義務として課し、市町村には被害対策実施隊を配置するよう求めている。しかし、実施隊は非常勤職と定められ、ここでいう専門技術者ではなく、現場の実行組織の位置づけである。これでは、消防署もないし消防士もいないので、とりあえず消防団を設置したようなものだ。そもそも、その主体と期待された狩猟者も高齢化が深刻で、捕獲目標を達成できない地域が広がっているのである。

この特措法を主導した自民党は、このとき農林漁業有害鳥獣対策検討チームを設置した。私は一度だけ、このチームの会合に招かれ、党本部でヒアリングを受けたことがある。関係する省庁の幹部が居並ぶ前で、座長の議員さんから「鳥獣対策に今すぐに必要なことはなにかね」と問われた。

そこで、この特措法で人材の育成と確保を史上初めて条文に掲げたことを賞賛しつつ、「なにを置いても専門技術者の育成と確保が必要です」と答えたところ、「そんな気の長い話を聞いてんじゃない！」と叱られたことを鮮明に覚えている。

おそらく、手っ取り早く被害を減らす方法を期待されたのだろう。しかし、これは無医村で重症患者を治せといっているようなもので、無茶な話だ。

もっとも、民が先行して国のかたちを変えてきた歴史は分野を超えていくつもある。自治体や大学等の教育機関は改正法に対応できる人材育成を進めなければならない。今回の改正によって、野生動物管理の専門技術者が社会に位置づけられ、有為の若者が職業として目指すような世の中にする必要があるのだ。

今回の法改正では、シカとイノシシの個体数半減が目玉となったため、専門技術者といっても捕獲技術のみが強調された感がある。しかし、たとえばサルのような動物では、個体数調整だけで被害を減らすことは難しい。それぞれの野生動物種ごとの生態特性に応じて、総合的な対策を実行できる人材が必要なのである。

では、サルをどのように管理するのか。サルは、同じ母系の家族が数十頭から100頭くらいの群れをつくり、数kmから十数km四方の範囲を遊動して暮らす。基本的に遊動域の中心部分は隣接する群れと重ならず、またメスは生涯をこの群れの中で過ごすのである。30年近く生きる個体もいることから、少なくともオトナのメスは遊動域の地形や人の暮らしぶりなどにも熟知しているといえる。その分、被害対策は厄介となる動物だ。また、オスは性成熟する5歳くらいになると群れから離れて放浪生活をする。これをハナレザルと呼ぶが、神出鬼没でたちが悪い。

このような生活をする野生動物の場合、シカのように個体数を半減しても被害が大幅に減るわけではない。たとえば、畑の農作物がサルに襲われた場合、群れのサイズが50頭でも100頭でも被害量がそれほど大きく変わらないからだ。

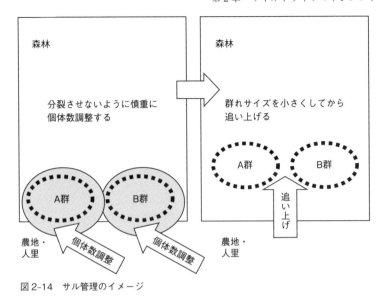

図 2-14　サル管理のイメージ

　一方で、100頭規模の大きな群れをむやみに銃器で捕獲するような攪乱を与えると、群れが2つや3つに分裂することがある。かりに20頭間引くことができても、残りが40頭ずつの群れに分裂してしまえば、同時に2群がゲリラ的に畑を襲いにくることになる。サルはシカなどと違って、個体群の増加率は最大でも年率10％程度である。

　したがって、サルの管理では、個体数ではなく群れ数を一定に調整することが重要となる。これまでの経験から、40頭程度の小さな群れであれば、追い払いや山への追い上げの効果が比較的高いとわかっている。群れに対して攪乱の少ない小型の檻で捕獲するなどして、小さな群れに個体数調整すれば、群れ数を増やさず、群れの遊動域を人間の生活圏から遠ざけるようなすみわけが共存の道なのである。

　このような群れ管理を進めるのに欠かせないのが、群れの動きを予知するための電波発信機である。メスは群れの中で生涯を暮らすため、これを捕獲して首輪型の発信機を装着するのだ。電池は2年程度の寿命があり、発信機が装着されたメスを群れに戻せば、群れの追跡は簡単にできる。それぞれの群れの動きにはパターンがあるので、ある程度経験を積めば、群れの動きは予知可能と

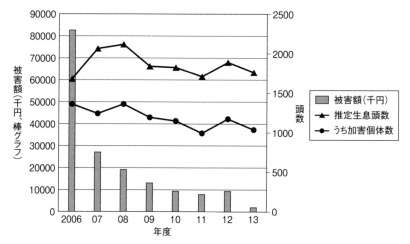

図 2-15 福島市におけるサルの被害額と個体数の推移(福島市資料、なお 2006-2007 年の生息数は福島ニホンザルの会による調査)

なる。さらに、今では GPS 発信機も市販されるようになったので、スマートフォンなどで居ながらにして群れの動きを知ることも可能だ。

このように、地域の加害群をすべて識別し、群れ数を安定化させるような個体数調整や群れの追い払いを行う専門技術者を導入して、大幅に被害を減らしている自治体が少しずつ増えてきている。

たとえば、福島市では 2006 年に果樹被害を中心に 1 億円近いサルの被害額があったが、現在では 100 万円程度にまで激減させている。サルの個体数はこの間に 2000 頭程度とあまり変化がなく、捕獲数も年間 200 頭程度にすぎない。市が雇用している専門員は常時数名であり、当初の被害額を考えたら、大きな経済的負担とはいえないだろう。一番厄介な害獣であるサルの場合であっても、きちんとした対策を専門技術者が行えば、被害は減らせるのである。

ただし、問題はその雇用条件である。まだ新しい分野ということもあり、とくに行政機関では正規職員としての位置づけが進んでいない。これでは、いくら有為の若者がいても、二の足を踏んでしまうのは当然だろう。野生動物対策は未来永劫続くものであるという認識が政策決定者に欠けている。もう、頭を切り替えるべきだろう。

この問題は、これまでも繰り返し国会で指摘されてきたことだ。ようやく

2014年の法改正にあたって、科学的・計画的な管理を効果的に推進するため、野生動物管理に関する専門的な知見を有する職員が都道府県に配置されなければならないことが再度確認された。

その観点から、国会の付帯決議では、都道府県における専門的職員の配置状況を国が把握し、毎年公表することが求められた。これは、都道府県が認定した認定鳥獣捕獲等事業者を指揮監督する責任が都道府県担当職員にあるという理由だけではなく、公的資金で実施される指定管理鳥獣捕獲等事業の成果をあげるためには高度な専門的知識や経験が必要であるからだ。前述した丹沢のワイルドライフレンジャーの事例でも、この点は実証済である。

この国会付帯決議を受けて、2015年からは毎年4月1日現在の都道府県における専門的職員の配置状況が、環境省から公表されるようになった。この結果、2015年度当初には、全国の鳥獣担当職員4246名（非常勤職員を含む）のうち、専門的職員はわずか135名しか配置されていないことが明らかになった。しかも、13県では専門的職員がまったく配置されていないこともわかった。これは医療の分野に医者がいないのと同じことで、病気が治るわけもない。これまで何度も指摘され続けてきた課題が裏づけられる結果に、愕然とするばかりだ。

その後、徐々に改善の兆しはあったものの、2017年度以降は逆に専門的職員数が減少に転じてしまった。もはや、都道府県自身が、こうした職員の必要性を認めていないと考えざるをえない。これでマネジメントをできるはずがないではないか。

国情が異なるので比較にはならないが、たとえば行政機関に1万名以上の野生動物専門技術者が雇用されている米国とでは、あまりにも日本の野生動物管理体制の状況はかけ離れている。

本書の「はじめに」で述べたように、すでに人口減少社会が始まり、とくに農山村では地域社会を維持することすら難しくなっている。これは同時に、わが国の長い歴史を通じて国土を保全し、野生動物を管理してきた担い手が失われることも意味する。今後、このような地域に暮らし、一次産業や野生動物という地域の自然資源を管理する業が成り立たなければ、早晩、その影響が都市へ波及し、安全な生活環境を維持することもできなくなるだろう。

一刻も早く、この維持管理費を新たな業態としての自然資源管理者へ支払う

時代にしなければならない。これは、かねてから私が主張してきたことでもあるが、すでに EU ではこれに近いかたちの直接支払制度が始まっている。野生動物を含めた自然資源管理業を新たな産業として位置づけ、国民がそのコストを支払う必要があるのだ。

ところで、わが国の大学では、おもに就職先がないという理由から、長い間ほとんど野生動物管理に関わる人材育成を行ってこなかった。もしかしたら、こうした専門職の社会的認知が遅れた大きな理由は、このような大学の姿勢にこそあったのかもしれない。

野生動物問題の解決には、野生動物の生態や生理などに関する基盤的な科学はもとより、人間や家畜動物との医学的関わりを解明する応用的な保全医学研究、さらには社会科学を含め人間社会との適切な関係を構築することを目指した野生動物管理学研究など、広範な学問的背景が必要となる。一方で、単独の大学で急速に多様化する野生動物問題の各専門分野に対応できる教育研究体制を確保しているところはほとんどないのが現状である。

医療の現場に医師などの専門職が不可欠なように、野生動物保護管理の現場にはその専門職が必要である。しかし、わが国では野生動物保護管理の専門職に必要とされるスキルや知識についての基準がないことが、大学等での人材育成や行政等での人材確保が進まない原因のひとつとなっている。

そうしたなかで、大学等の人材育成機関が連携し、専門職の資格化を進める動きが出てきている。わが国は幸か不幸か資格社会であるからだ。すでに宇都宮大学から育成が始まった鳥獣管理士たちは、有資格者団体として一般社団法人・鳥獣管理技術協会を設立し、社会認知を図る活動を進めている。たとえその有資格者の必置義務がなくても、行政職員の中に一定の有資格者集団が生まれれば、これらの人材を活かす流れが期待できるかもしれない。

前述の認定鳥獣捕獲等事業者のスキルアップや、行政における専門的職員の配置を進めるためには、こうした民間資格を活用することが効果的であると考えられる。一方で、すでに 50 を超える大学で野生動物管理に関わる講義や実習などが行われている。また、国や自治体等でさまざまな研修も実施され、これらのカリキュラムにおけるシラバスを統一化することが今後必要になるだろう。あとは、育った人材を活かすために、きちんと予算を使うことだ。あたりまえのことをすれば、問題の解決は難しくないのである。

# 3 外来動物
## ——無自覚の果ての犯罪

## 3.1 連れてこられた動物たち——外来動物とはなにか

### (1) カワウソゥ選挙

なにがきっかけなのかは知らないが、突然、カワウソがブームになってしまった。火に油を注ぐように、2017 年に全国の動物園水族館 36 園館が参加して、総勢 84 頭のカワウソ人気投票が始まった。カワウソの総選挙ならぬ「カワウソゥ選挙」と名づけられたサイトに SNS などを通じて投票するものだ。

当初の目標は 1 万票の投票だったそうだが、じつに 51 万票もが集まったというから驚きである。3 万 2000 票以上を集めて 1 位となったのは、伊勢シーパラダイスで飼育されているツメナシカワウソのブブゼラ。確かに上位のカワウソたちは愛嬌もあり、かわいらしい。

世界にはオオカワウソ、ユーラシアカワウソ、コツメカワウソなど 13 種類の野生種が知られている。このうち、カナダカワウソを除くすべての種が IUCN（国際自然保護連合）のレッドリストで絶滅危惧種と評価されている。

このサイトからは、こうした世界のカワウソの危機的な状況についてもリンクをたどると情報が得られるようになっていた。このイベントは、多くの投票者がカワウソの保全について知る機会を得るのに貢献しているともいえる。ただ一方で、かわいさが人気を呼び、数々の過去の悲劇に連ならなければとの危惧は、今回も現実となってしまった。

この選挙が終わった 2017 年 10 月、タイの首都バンコクの空港から、カワウソ 10 頭を無許可で持ち出そうとした日本人が逮捕された。容疑者は都内に住む 21 歳の女子大生で、カワウソをスーツケースに隠し、密輸しようとした疑いが持たれている。このカワウソは、タイなど東南アジアに生息するコツメカワウソという絶滅危惧種で、ワシントン条約で輸出入が規制されている。

バンコクの市場などでは、コツメカワウソの子どもが日本円で1頭3000円程度も出せば買えるという。これが、日本国内のペットショップでは60万-120万円で売られているのである。こうしたカワウソの密輸が2017年のニュースになった事件だけで4件あるのだが、これは氷山の一角としか思えない。その後も同様の事件は後を絶たず、環境NGOトラフィックジャパンの調査では、2017年に東南アジアで押収された45頭の生きたカワウソのうち、32頭が日本向けだったそうだ。

すでに日本国内に密輸を支えるマーケットができてしまったようだ。これまでも、スローロリスなどの希少動物が密輸され続け、日本はワシントン条約を守らない国としてレッテルを貼られてきた。国内で流通しているカワウソは、ほとんどが飼育下で繁殖した個体であり、流通規制を受けないと表向きではいわれているが、じつはなにも証明するものはないのである。

2018年6月から改正された種の保存法では、ワシントン条約付属書Iにリストされている野生種については、国内繁殖であってもマイクロチップで登録されていなければ、流通させることはできなくなった。しかし、国内で流通しているカワウソはほとんど付属書IIのリスト種なので、現状では、流通してしまったら野生個体か飼育繁殖個体かの区別はできない。少なくとも、すべてのリスト種の個体をマイクロチップなどで個体追跡できるような仕組みが必要である。

また、絶滅危惧種であるカワウソが密輸され、その飼育がブームになっているのは由々しき事態だが、さらに大きな問題もはらんでいる。思い出すのはアライグマ問題の再来である。1980年代、テレビ・アニメで大ヒットした「あらいぐまラスカル」のおかげで、北米原産の野生アライグマが大量に輸入された。

もっとも、北米のアライグマは絶滅危惧種ではなく、むしろ狂犬病の媒介者として、都市近郊では積極的に捕獲されている動物だ。しかも、当時の日本では検疫もなく、ふつうに輸入が可能だった。

問題はその後である。全国のペットショップで売られたアライグマは、ほとんどが幼獣だった。しかし、家庭でドッグフードなどを食べて育てられたアライグマは、体重が10kgを超えるものもいて、手が器用なうえに発情すると飼い主といえども攻撃されることがある。野生の個体が売られていたのだから当然であるが、多くの飼い主は飼いきれずに遺棄したと見られる。こうして外来

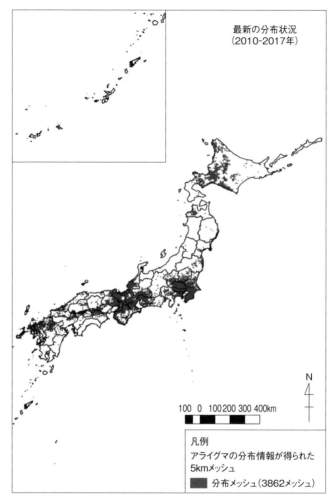
図 3-1　アライグマの分布（環境省資料）

種として野生化したアライグマは、わずか 30 年足らずで日本全国に分布を拡大して、大きな社会問題へと発展したのである。

はたしてカワウソが、第 2 のアライグマにならないといいきれるだろうか。

そもそも外来種問題は、進化史上で類まれな分布拡大と輸送の能力を兼ね備えた人類の出現によって引き起こされた。さらに大航海時代以降、列強諸国の植民地政策は、宗教や文化にとどまらず、母国からの生物によって自然景観を

も侵略し、およそ人為のおよぶ範囲には外来種がはびこることとなった。それでも、近代に至るまで人間の移動能力には限界があり、外来種による深刻な生態系や人間生活への影響は、限定的であったのだ。

しかし、この半世紀ほどで輸送能力の飛躍的な増加と経済のグローバル化によって、事態は一変した。生物種の絶滅や農林水産業への壊滅的な影響など、世界各地で外来種による深刻な事態が発生し、いまや重大な地球環境問題のひとつとなった。1992年の地球サミットで締結された生物多様性条約が、締約国に外来種対策を求めたのには、こうした背景があるからだ。

わが国は、島国という地勢と鎖国政策などによって、幸運にも大きな外来種問題を経験せず、近年まで過ごしてこられた。このことは、裏返すと外来種対策の意義や必要性の認識がほとんどないままにきてしまったということだ。

ブラックバスやアライグマなどの被害が各地で深刻化したことを受けて、ようやく環境庁（当時）が対応策の検討を開始したのは2000年になってからだ。この検討過程で、さまざまな研究が整理され、すでに国内には2000種におよぶ外来種が定着し、生態系などに大きな影響を与えているものも100種以上にもなることが明らかにされた。

わが国に定着が確認されている外来動物の種数は130種あまりだが、その生態系への影響の大きさから、外来種対策の多くが外来動物を対象に実施されている。とくに、マングース、イエネコ、アライグマなどの肉食性外来動物は、希少動物を捕食し、あるいは同様の食性やニッチを持つ希少動物と生態的に競合するため、大きな影響を与えてしまうのだ。

こうした影響の典型的な例は、沖縄本島北部地域のヤンバル（山原）で起こっているヤンバルクイナの激減だ。この野鳥は1981年に新種として記載され、わが国の鳥類としては62年ぶりとなる新種の発見で大きな話題となった。1985年に行われた調査では、ヤンバルのほぼ全域で生息が確認され、まさにヤンバルの森の象徴といえる野生動物だった。

ところが、山階鳥類研究所などによる調査で、今世紀に入るとヤンバルクイナの絶滅地域は急速に拡大していることが明らかとなった。その原因は、毒蛇であるハブや農作物を荒らす野鼠の対策のために、1910年にバングラディシュから沖縄本島南部地域へ導入されたマングース（フイリマングース）の捕食による影響と考えられた。実際、マングースの定着した地域から、ヤンバルクイナ

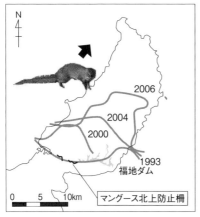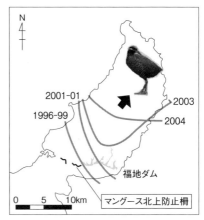

図3-2　マングースの分布北限（左）とヤンバルクイナの分布南限（右）の推移（環境省資料より作図）

の生息が確認されなくなるのである。

　さらに、奄美大島でもアマミノクロウサギなどの絶滅危惧種がマングースによって個体数を減らしていることも明らかとなった。事態を重く見た環境庁は、対策に乗り出すことにした。しかし、絶滅危惧種の捕食を防ぐため、野生動物であるマングースを捕獲するという法的根拠は乏しかった。当時の鳥獣保護法では、野生鳥獣は許可なく捕獲できず、ましてや絶滅させることなど想定外であった。そのため、問題のある外来動物を狩猟鳥獣に指定して、捕獲の許可を自治体が出しやすくするくらいしか手がなかったのだ。

**(2)　外来生物法制定**

　アライグマの場合は、もっと複雑だった。マングースと同じように、野生動物として扱うだけなら、捕獲には根拠と許可さえあればよかった。しかし、もともとペットとして飼われたものが野生化しているとすれば、捕獲されたアライグマには飼い主がいるかもしれない。その飼い主が返還を申し出る可能性も否定できないため、野生動物として処分することは難しいのである。動物愛護管理法では、飼育されている動物をむやみに捕殺することはできないからだ。

　そもそも、こんな動物をペットとして販売したり、むやみに飼ったりしなければよいのだが、1980年代にはペットとしてトラやヒグマを都会で飼育している人すらいたのだ。当時、私は獣医大学の動物病院で診療を担当していたのだ

が、この猛獣たちの往診依頼を受けたことは一度や二度ではない。

こんな状況では、外来種問題に対処できない。生物多様性条約では締約国に外来種対策を義務づけており、わが国では早急に法整備をする必要に迫られていた。ところが、問題となっている外来種には、ブラックバスのように当時300万人もの釣り愛好家がいたり、アライグマのようにペットで流通しているものも多く含まれていた。そのため、関連業者の反対や捕獲個体を殺処分することへの批判などが根強くあった。なかには、すでに大量捕獲が始まっていたアライグマを保護して、原産国である北米へ送り返す運動を始める民間団体まで出てきた。ようやく、国としての外来種（当時は「移入種」と呼ばれていた）への対応方針を出したのは、検討を始めてから2年後の2002年のことであった。

さらに、輸入や流通の規制を含む新たな法制度の制定に2年間を要し、外来生物法（特定外来生物による生態系等に係る被害の防止に関する法律）が施行されたのは、生物多様性条約から13年も経過した2005年6月であった。外来生物法では、生態系に深刻な被害をおよぼしているか、あるいはおよぼすおそれのあるものを「特定外来生物」として指定し、輸入、飼育、販売、放逐等を厳しく制限することとなった。

外来生物法では、分類群ごとに設置された専門家会合が、国内外からの科学的データをもとに「特定外来生物」を選定して、環境大臣に指定の勧告をする仕組みだ。この仕組み自体は画期的なものだが、一方で明確な科学的根拠がない限り、特定外来生物に指定することは難しい。なぜなら、この法律では、特定外来生物を麻薬並みに厳しく取り締まることになっている。つまり、持って歩いただけで罰せられるので、むやみに指定すると個人の権利を著しく侵害するおそれがあるからだ。

私は獣医学の立場から哺乳類・鳥類の専門家会合の検討に加わったが、多くの外来種で明確な生態系への影響などのデータがそろっているわけではなかった。だからといって、「推定無罪」というわけにはいかない。むしろ、このような問題では「予防原則」を優先する必要もあるのだ。

こうした場面では、良し悪しは別として政治的決断が重要である。このときの環境大臣が小池百合子さん（現・東京都知事）でなかったら、はたして100種近くの特定外来生物が指定できただろうか。この決断を受けて、国や自治体レベルではさまざまな対策が展開され、このこと自体は大きな進歩であった。

第 3 章　外来動物　63

表 3-1　特定外来生物の主要な野生化原因

| 分類群 | 主要な原因 | | | |
|---|---|---|---|---|
| | 飼育（愛玩、展示等）動物の遺棄・逸走 | 産業用動物の遺棄・逸走 | 天敵利用のための放逐 | 貨物等への混入 |
| 哺乳類 | タイワンザル、カニクイザル、アカゲザル、アライグマ、カニクイアライグマ、クリハラリス（タイワンリスも含む）、トウブハイイロリス、キョン、ハリネズミ属、キタリス、タイリクモモンガ | ヌートリア、アメリカミンク、シカ亜科、マスクラット、フクロギツネ | フイリマングース | |
| 鳥類 | ガビチョウ、カオグロガビチョウ、カオジロガビチョウ、ソウシチョウ | | | |
| 爬虫類 | カミツキガメ、グリーンアノール、ブラウンアノール、タイワンスジオ | タイワンハブ | | ミナミオオガシラ |
| 両生類 | | ウシガエル | オオヒキガエル | シロアゴガエル、コキーコヤスガエル、キューバアマガエル |

　外来動物に特化すれば、野生化した原因の多くは、飼育されていた個体の遺棄や逸走である。したがって、外来動物問題の解決には、飼育に関わる人間の行為を制御することがもっとも重要である。その点では、外来生物法で特定外来生物の流通や飼育を原則禁止としたことは、新たな外来動物の発生を抑止する効果が高いと期待される。

　しかし、外来生物法やそれにもとづいて当面の施策の方針を定めた基本指針では、家畜種、国内野生種、明治以前に持ち込まれた外来種、微生物など、多くの外来種が法の対象外となっているため、チョウセンイタチ（シベリアイタチ）など法規制対象外の動物による問題が、その後に現実のものとなっている。

　また、すでに野生化して生態系へ影響を与えている外来動物については、生態系からの完全排除を目標に捕獲が実施されているが、全国的に拡大してしまっ

ているアライグマなどでは対策が間に合わず、農作物被害なども増加し続けている。

　社会問題化している外来種の多くが飼育動物由来であることから、動物の販売方法の改善、個体登録による飼い主責任の明確化、適正飼育の普及などは外来種対策としても重要となる。しかし、特定外来生物以外の動物について販売や飼育の制限は難しく、対策の大きな課題である。

　こうしたなか、日本獣医師会は2007年に「外来生物に対する対策の考え方」を公表した。私は、このとりまとめを担当したので、原則として一般家庭では野生動物を飼育すべきではないと提言した。動物に関わる専門家集団がこうした見解を示したことの社会的意義は大きい。この提言では、対策の対象となる外来動物を、その由来により以下に示す3種類に大別したうえで、それぞれの取扱に関する考え方を提案している。

　まずは、「野生動物由来外来生物」である。これは、飼育されていた野生動物が遺棄または逸走によって再野生化したもので、現在大きな問題となっているアライグマ等がこれにあたる。

　外来生物法による特定外来生物に指定されるのは、当面はこれらの動物に限られるが、生態系へ大きな影響を与えるおそれのある外来動物の大半がすでに指定済で、今後、一般家庭で飼育されることはなくなった。しかし、エキゾチックペットとして野生動物を飼育したいという欲求がなくなったわけではないので、この外来動物問題の解決には、そもそも動物を飼育することについての社会通念を変革させる必要がある。

　そこで、日本獣医師会では、このような外来動物による生態系等への影響の有無にかかわらず、原則として一般の家庭では野生動物を飼育すべきではないと結論づけたのである。それは、一般家庭において野生動物の生態に適した飼育環境や飼育技術を提供することは困難であり、動物福祉の観点からも望ましくないからだ。

　次に、「家畜由来外来生物」。これは、家庭動物を含む家畜が遺棄または逸走によって野生化したもので、イエネコやヤギ等がこれにあたる。外来種問題の解決に向けて、法整備や考え方の普及が進み始めたが、一方で、家畜は外来生物法の対象外であるため、問題が各地で多発するようになった。家畜を適正に飼育管理することは当然のことではあるが、とくに希少野生生物が生息するよ

うな地域では、不必要な繁殖を制限するための不妊処置やマイクロチップによる個体登録の普及などもあわせて必要である。これは、こうした地域で家畜が野生化すると、生態系へ大きな影響を与えるおそれが高いからだ。

最後に「国内移動による外来生物」をあげている。在来野生動物の救護個体など、必ずしも飼育を目的にしていなくても、一時的に野生動物を人間の管理下に置き、野生復帰させる場合がある。こうした際に、その個体の移動能力を超えた地域に野生復帰させてしまうことは大きな問題がある。

これは、日本の国土が複数の動物地理区にまたがり、多くの島嶼で構成されるため、地域的に固有の生物相や固有種、または固有の遺伝子集団の存在が知られており、このような人為的な移動が遺伝子集団の攪乱を引き起こすおそれがあるからだ。したがって、在来の野生動物といえども、みだりに本来の生息域以外に移動させてはならないのである。

こうして、わが国でも今世紀初頭には外来動物対策の考え方が整理され、いちおうの法制度も整備された。しかし、実際に野生化してしまった外来動物をどのように生態系から排除すればよいのかは、ほとんど経験のない課題であった。まずは外来動物対策の先進国を見に行くしかないと私は考えた。


## 3.2 オーストラリアのキツネ対策

わが国より早い段階で外来動物問題が深刻化した国々では、想像以上に大規模な対策が取られている。たとえば、1940年代にヘビの一種であるミナミオオガシラを持ち込んでしまったために、ほとんどの鳥類が絶滅したグアム島では、米国連邦政府などが年間1600万ドル（約15億円）を投じて捕獲などの対策にあたっている。このヘビは、日本の外来生物法でも特定外来生物に指定され、原則飼育や持ち込みが禁止されているものだ。

このような国々のなかでも、オーストラリアは「外来種大国」という残念な称号がふさわしい。この国では、いまや外来種が目に入らない景観はほとんどなくなってしまっているほどで、さまざまな対策が取られている。ここでは、わが国ではまだまだ進んでいない、抜本的な対策の事例を紹介しよう。

## (1) 外来種大国

　オーストラリアは、孤立した大陸としての歴史が長いため、有袋類をはじめとする特異な生物相を育んできた。しかし、18世紀以降に欧州からの移民とともに多くの外来種が持ち込まれている。こうした欧州からの外来種導入は、大航海時代以降、植民地支配された地域ではどこでも行われたことである。しかし、その種類数や、その後の爆発的な増加の規模は他に類を見ない。

　すでに、オーストラリア全体で外来種による農業や環境への経済的損失は、7億2000万豪ドル（約650億円）に達するという。これは、全農業生産額の2％を超える額に相当し、農業が主力産業であるこの国では、いまや外来種問題は無視できない国家的な課題となっている。

　また、外来種は、生態系へも大きな影響を与えるため、結果的に観光の目玉である希少野生動物が絶滅したり、自然景観が損なわれたりすることは、もうひとつの主力産業である観光産業にとっても大きなダメージとなる。

　オーストラリアでは外来種問題の対策が、国民の生存基盤を守るための安全保障問題にまで発展している。そこで、従来の動植物検疫対策だけでは生態系への影響まで回避できないため、1999年には環境と生物多様性保護法（Environmental Protection and Biodiversity Conservation Act）が制定され、世界でもっとも厳しい検疫システムが導入されることとなった。

　オーストラリアは畜産大国でもあるため、かねてより動物検疫は比較的厳しかった。とくに口蹄疫が感染爆発すると、年間1兆円近い経済的損失が出ると試算されているため、肉や乳製品はもとより、卵を使用したカップラーメンでさえ輸入が規制されている。これらを監視する検疫物探知犬が導入されていることも有名だ。おかげで、130年間にわたり口蹄疫の侵入を食い止めてきた。

　一方で、検査される立場になると、入国時の検疫は厄介だ。飛行機を降りて荷物検査所に向かう通路には、警告がしつこいくらい掲示され、疑わしいものを捨てる大きなゴミ箱もいたるところに置かれている。

　荷物検査を受けるために長蛇の列になっていても、検疫官たちはおかまいなしといった感じで、すべての荷物を検査台に広げろと要求してくる。私の前に並んでいた人は、ことごとくスナック菓子などを没収されていた。

　じつは、私もお土産でいくつか疑わしいものを持っていたので（後で調べた

図3-3　シドニー空港のごみ箱

ら問題はなかったが)、どきどきしながら検査の順番を待っていた。順番が回ってきて、入国カードの職業欄を見た瞬間に、「あなたは獣医師か」といわれ、急に検疫官の愛想がよくなったのには驚いた。そのせいか、とくに荷物検査もなく、得した気分になった。ちなみに、この国では獣医師の社会的地位は相当高いのだそうだ。

　もっとも、虚偽の申告が見つかれば、オーストラリアではその場で罰金を支払わなければならない。最大220豪ドル (約2万円) が課せられ、さらに起訴されると6万豪ドル (約540万円) の罰金または懲役10年が課せられてしまうのだ。この罰金制度は、旅行者のように裁判手続きができないものを罰するための制度として、1997年から導入されたもので、違法な持込の予防策として機能しているという。

### (2) キツネ、タスマニアへ侵入

　このようにオーストラリアは、現在では世界でもっとも外来種の持込規制が厳しい国となったが、すでに多くの外来種、とくに中大型哺乳類が野生化して

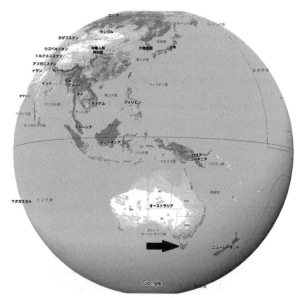

図3-4 タスマニア島の位置

深刻な農業被害や生態系への影響が問題となっている。そのひとつがキツネである。このキツネは、わが国にも分布するアカギツネの一種であり、英国から連れてこられたものだ。

1870年代、キツネ狩りに利用する目的でヴィクトリア州に6頭が持ち込まれた。当時すでに広がっていた外来種のアナウサギが農業害獣になっていたため、キツネはその捕食者としても期待されたという。ちなみに、このアナウサギも英国由来で、ピーターラビットで有名になったウサギと同じ動物である。

その後、1930年代にはオーストラリア本土のほぼ全域に分布が拡大し、現在ではキツネの生息数は約2000万頭に達している。この結果、放牧されている羊が襲われるなどの農業被害や生態系への影響が深刻化し、被害総額は毎年2億2800万豪ドル（約205億円）と予測されている。

幸い、世界自然遺産で有名なタスマニア州だけは、大陸本土から隔離されていたため、長い間、キツネの侵入が起こらなかった。1800年代に、一度だけ本土から人為的に移入されたようだが、定着することなく絶滅したと考えられている。

第 3 章 外来動物 69

　しかし、1998 年にタスマニアの北部でキツネの足跡が見つかった。一説では、ハンティング用に放された可能性もあるが、本土からの船に紛れて上陸したという意見もあり、真相は不明のままだ。ちなみに、キツネの足跡は一直線に並んだように見えるので、ほかの動物のものとは即座に見分けがつく。

　その後、2001 年 8 月にも足跡が発見される。さらに翌 9 月にはキツネが 1 頭射殺されたが、飼育個体が逃げ出したという意見もあったため、この死体は解剖調査されることになった。その結果、この個体の消化管内から 2 種の在来種が検出された。これは、この個体がタスマニアで一定期間以上、定着していたことを示している。

　これでタスマニアへのキツネの侵入が確実となったため、2001 年 12 月、タスマニア州政府は専門のキツネ対策チームを設置した。この迅速な州政府の対応は、あまりにもわが国の状況と違うので驚きを禁じえない。しかし、これが長年にわたって外来種で苦しんできたオーストラリアの経験の現われなのかもしれない。また、侵入したのがほかの外来種ではなく、本土でもっとも深刻な被害を出しているキツネであったことも関係しているのだろう。

　タスマニア州政府は、キツネがタスマニアに定着してしまうと、以下の問題が発生するおそれがあると警告したのだ。

・もし放置すれば、タスマニアのキツネは 25 万頭に増殖する可能性がある。
・そうなれば、羊の 30% 以上が毎年キツネに捕食され、約 3500 万豪ドル（約 31 億円）の損失になる（これは、タスマニアの農業生産の 10% に相当する）。
・キツネは狂犬病などの感染症を媒介するおそれがあり、家畜や野生動物だけではなく、人間にとっても危険である。
・少なくとも 78 種のタスマニアの在来種がキツネの餌として捕食され、絶滅するおそれもある。また、これらの野生動物の保護対策に数百万豪ドルの費用が必要となる。
・キツネによる生態系への影響によって、タスマニア独特の景観や生態系が永遠に変わり果ててしまうため、観光に大きなマイナスイメージを植えつけてしまう。

図3-5 キツネ情報ホットラインの道路標識(タスマニア州)

　オーストラリアでは、これまでの経験から、外来種が定着して分布を拡大しないうちに対策を実行すれば根絶も可能であり、また対策費用も最小化できることがわかっている。

　そこで、このように大きな農業被害や生態系への影響が予測されるキツネの対策が州政府の重要な政策課題となったわけだ。

### (3)　タスマニアでのキツネ対策

　州政府の対策チームは、まず2002年1月にキツネの生息情報を広く集めるため、24時間対応のホットラインを開設した。このホットラインは、州政府の担当職員が専用の携帯電話を毎日交代で持ち回るのだという。タスマニアでは、このホットラインの電話番号が入ったステッカーや道路標識をいたるところで見ることができる。こうして広報した結果、短期間に約1600件の通報が寄せられた。

　もちろん、タスマニアの人々は、生まれてから一度もキツネなど見たことが

ないため、誤報も多いようだ。それでも、以下のような重要な情報が寄せられている。

2002 年  5 月  キツネの毛が混じった糞が発見
2003 年 10 月  高速道路でキツネの死体発見
2005 年  2 月  キツネのものと思われる糞が発見され、州政府の調査でキツネの DNA が検出
2006 年  2 月  2005 年 12 月に旅行者が死体を発見したという現場で、州政府の調査員が幼獣の死体を発見
2006 年  5 月  鶏が殺されたという通報があり、調査員が現場で採取した血液からキツネの DNA が検出
2006 年  8 月  キツネの死体があると通報があり、調査員が現場に急行したところ、まだ体温が暖かい死体を発見。検査の結果、野生化している個体と断定


こうして徐々に確実な証拠が出てくるのはホットラインのおかげなのだが、このことは裏返せば確実にキツネの定着が進んでいるためと考えられた。一方で、さらに対策を進めようとすれば、予算の増額は避けられない。タスマニア州は人口 50 万人に満たない小さな州のため、予算は限られている。たった 3 頭のキツネの死体が見つかったくらいで大さわぎするくらいなら、ほかに必要な施策はいくらでもあるだろうという意見が世論では支配的だった。

そこで、キツネ対策をさらに進める必要があることを科学的に評価してもらうため、タスマニア州政府は、外来種対策研究の専門機関である IACRC（Invasive Animals Corporative Research Center；外来動物共同研究センター）に調査を依頼した。この機関は、連邦政府と民間企業が出資して運営する民間団体で、オーストラリアにおける外来動物対策のコンサルティングや人材育成がおもな業務となっている。調査の結果、2006 年 6 月に IACRC は、タスマニアへのキツネの侵入を科学的に認定し、対策の必要性を勧告した。

これを受けて、2006 年 11 月からタスマニア州政府は、キツネ根絶計画を開始した。このプログラムに対し、連邦政府の補助金（補助率 2 分の 1）が支出されることとなり、その総額は 10 年間で 5600 万豪ドル（約 50 億円）にのぼる。

この予算措置の背景には、国際的な自然保護 NGO である WWF（世界自然保護基金）が連邦政府に対してロビー活動を展開したことがあるといわれている。それにしても、この予算額はわが国の外来種対策の総額に匹敵し、驚きのあまり私は州政府の担当者に何度も金額を確認してしまったほどだ。

### (4) キツネ根絶計画

　こうしてスタートしたキツネ根絶計画だが、タスマニア州では、検疫や定着した外来種の対策は法律で規定されている一方で、侵入した外来種が分布を拡大する前の対策は想定外だった。オーストラリアでは、野生動物問題の対策を始めるにあたり、まずプログラム・マネージャーが任命されて全権を託され、前例のないことに取り組むという仕組みがある。このキツネ根絶計画でプログラム・マネージャーに指名されたのは、アラン・ジョンストン博士だ（計画策定当時）。

　私は、2008 年にジョンストン博士に対策の現場へ案内していただいたことがある。そこは、絶滅危惧種であるバンディクートの捕獲調査を行っている現場だった。ここでは、トラップを仕掛けて捕獲された個体にマイクロチップを挿入し、再捕獲される割合からこの動物の生息密度を調べているという。キツネ対策の現場と聞いていたので、最初は意味がわからなかったが、博士の説明をうかがって納得した。

　キツネの個体数が少ないうちは、それぞれの場所でキツネの侵入を察知することはほとんど不可能だが、逆にキツネが増加してからでは対策が間に合わなくなってしまう。これまでの本土の経験から、キツネの捕食による影響を受けやすい在来種の生息密度をモニタリングしていれば、キツネの侵入状況をもっとも早く知ることができるのだという。

　こうした調査は、ホットラインでキツネの目撃情報が寄せられた地域を中心に地道に展開されていた。しかし、いくら予算が日本に比べて潤沢といっても、キツネ根絶計画のスタッフは総勢 55 名で、そのうち研究者は 5 名だけだ。正直なところ、調査ですべてがわかるわけではないが、キツネによる生態系、とくに絶滅危惧種への影響をきちんと明らかにしてゆくことが、この対策への国民の支持を広げる近道という戦略に共鳴できた。

　このような活動の一方で、じつはキツネ根絶計画でもっとも予算も人も投入

しているのは、毒物を利用した捕殺作戦である。じつに予算の2分の1、スタッフも30人が従事している。彼らは、ホットラインの情報からキツネの生息が確実と考えられる地域に派遣される。そして、約3カ月間さまざまな方法で監視を続け、キツネの生息が確認されなくなるまで毒物を撒き続けるのだ。実際には、彼らだけでは人手が足らないため、州政府によるボランティア養成コースを修了した市民も協力して作業は進められている。

使用されている毒物は、モノフルオロ酢酸ナトリウムで、俗に1080（テン・エイティー）と呼ばれる。これは、北部および西部オーストラリアに自生する約40種の植物で産生が確認されている自然毒素であり、自然界ではめずらしい有機フッ素化合物だ。1080の薬理作用は、生体内でクエン酸回路を阻害することで、およそ48時間後に痙攣等の症状を呈して致死させる。

1080は自然状態では約2週間で分解し、しかもオーストラリアの在来種への影響が少ないと考えられている。実際、犬では有袋類の数倍から数十倍の感受性を有している。ただし、1080がほかの動物に与える影響について、かねてより懸念が示されてきた。とくにオーストラリア本土では、キツネの根絶を断念しているため、羊の出産期に合わせて1080をヘリコプターで散布して、キツネの個体数をコントロールしてきたからだ。最近では、より人道的な毒物としてパラ・アミノプロピオフェノン（PAPP）が使用され始めている。

2006年にスタートしたタスマニア州のキツネ根絶計画によって、キツネの痕跡情報は減少した。糞や白骨化した死体などでは、DNA鑑定を行って確認を続け、ついに2011年7月を最後に、キツネの痕跡は見つからなくなった。その後、本当に根絶したかどうかを確認するため、2014年まで探索が続けられ、根絶計画は終了した。

この間に採取された糞サンプルは、じつに6000個以上にのぼるという。このうち、キツネのDNAが検出された糞は、たった19個だったというから、根気のいる地道な作業だっただろう。ただし、この調査によって、キツネだけではなくイヌやネコなどの肉食動物が、在来の希少種に与える影響も明らかになってきた。そのうえ、もう何年も観察記録がないタスマニアピグミーポッサムのような絶滅危惧種の遺伝子が発見されることにもなった。

タスマニアのキツネ対策は、最初の侵入が発見された1998年から16年で根絶に成功した。じつは、現在も監視は続けられているが、もうこれ以上キツネ

を殺す必要はない。在来動物の対策と違い、外来動物対策には終わりがあるのである。

はたして、日本の現状はどうだろうか。

## 3.3 外来動物を根絶する

さて、日本で行われている外来動物対策の進捗を見てみよう。2017 年 12 月に、和歌山県知事が特定外来生物であるタイワンザルの群れを根絶したと発表した。この問題は、在来種が交雑によって絶滅するとして、拙著『野生動物問題』でも紹介したが、発端は 1950 年代までさかのぼる。当時和歌山県北部で営業していた私設動物園が閉鎖となり、そこから逸走したタイワンザルの群れが野生化した。しかし、それから 40 年近く経ち、おそらく群れから離脱したオスがニホンザルの群れに近づき、交雑しているのが明らかとなったのだ。

当時は外来生物法が制定されていないので、1999 年に県は鳥獣保護法にもとづく管理計画を策定し、捕獲などの対策を実施してきた。そして 2012 年 4 月に最後の群れ個体が捕獲され、引き続き行ってきた根絶確認調査を受けての根絶宣言である。この成果は、長期にわたって事業を継続した県をはじめとする地元自治体や関係者の努力の賜物である。日本霊長類学会では、感謝の意を表するため、2018 年 7 月の大会で和歌山県に対し功労賞を贈呈した。

わが国で、外来生物法が施行されて、そろそろ 15 年が経過する。法施行当時から継続されている対策は今、どうなっているだろうか。

### (1) アライグマとマングース

アライグマは、外来生物法が施行された 2005 年には、すでに日本の大都市圏で野生化が確認されており、とくに早くから農作物や家屋侵入などの被害が発生していた北海道や神奈川県では、法律の施行とともに大量捕獲計画が策定されることになった。

しかし、アニメの人気キャラクターとして定着していたアライグマを皆殺しにするのか、という批判が自治体などに多数寄せられ、たとえば神奈川県では、知事あてに 3000 通の抗議文が殺到する状況だった。

ほとんどの抗議文は、「殺さないで」、「かわいそう」、「人間の身勝手」といっ

た言葉が並んでいたが、いずれも人として当然の感情であった。これを読んだ県の担当者が抗議文を出した人たちを集めて説明会をしたところ、半日会議室に閉じ込められて非難を受け続けたというから、火に油を注いでしまったようだ。

　私も神奈川県の防除実施計画を検討する委員だったので、外来生物法にもとづいて適切に飼育できるなら、捕獲個体を希望者に譲渡する規定を入れるよう主張した。一方で、譲渡希望者が見つからない場合には、苦痛なく殺処分することも盛り込んだ。

　とはいえ、これで批判は止む気配などないので、公開の討論会を開催することになった。テレビも含め、多くのメディアにも呼びかけ、なぜアライグマのような特定外来生物の捕獲が必要なのか、捕獲個体の処分をどうするのか、などを議論する場をもうけたのだ。

　当日の会場は、いささかものものしい雰囲気だったが、大きな混乱もなく、有意義な議論ができたと思う。とくに、地元の小学校の授業で外来動物問題を取り上げたという教師の方からの報告は説得的な内容だった。

　まず、最初の授業で先生が地元で起こっている外来動物の問題を紹介したそうだ。その後に先生は口出しせず、生徒自身で被害の現場を実際に回り、地域住民の意見を聞くことにしたという。そして、被害の状況や有害動物として捕殺されている実態を生徒たちは知り、これからの対策について話し合った。生徒たちが出した結論は、次のようなものだった。

　「問題の原因は人間」

　「でも、このまま外来動物が増え続ければ、次の世代はもっと大きな被害を受けるし、もっと動物を殺さなければならなくなる」

　「自分たちの世代で問題を解決するには、悲しいけれど今すぐ根絶の道を選ぶべきだ」

　この授業について、保護者や教師の一部からは疑問の声が出たという。

　「生命は地球より重い、と教えている一方で、積極的に動物を殺すなどということを、どうやって子どもたちに説明すればよいのか」

　しかし、大人たちの心配をよそに、子どもたちは自ら決断を下したのである。

　紆余曲折はあったが、最終的に神奈川県では防除実施計画を実行することになり、アライグマの本格的な捕獲対策が始まった。それまで年間1000頭足ら

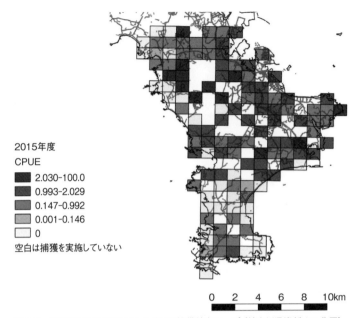

図3-6　神奈川県におけるアライグマの捕獲効率マップ（神奈川県資料より作図）

ずだった捕獲数が倍増し、それに伴って被害額は激減していった。

　ところが、5年ごとに行う計画見直しの際に、最新の分布調査結果を見て愕然とした。確かに、アライグマは減り、対策の効果は大きいと実感できていた。しかし、当初の分布は三浦半島に限局していたのだが、5年間でなんと横浜や藤沢など県土の約半分にアライグマの分布域が広がっているではないか。

　アライグマに限らず、被害が深刻な地域では野生動物の捕獲が積極的に行われる。一方で、特定外来生物だからといって、被害も発生していないところで捕獲に熱心になる人はいない。ましてや、そのような地域では、だれも野生のアライグマを見たことがないのである。

　そもそも、ほとんどのアライグマは夜間に行動するので、真っ暗闇でタヌキやハクビシンなどと区別できる人はいない。つまり、アライグマがいるかどうかがわからない地域で、捕獲など進むはずもなかったのである。このままでは、日本中にアライグマの分布が拡大するのは時間の問題になると頭を抱えた。

　そこで、神奈川県では、沖縄や奄美大島で実施されていたマングース対策を

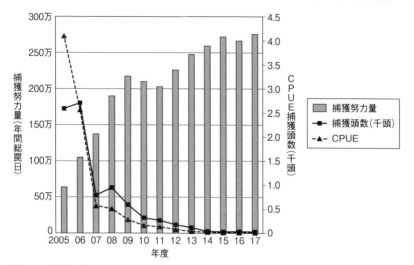

図3-7 奄美大島におけるマングースの捕獲数、捕獲努力量、捕獲効率の推移（環境省資料より作図）

参考に、被害の発生地点だけで捕獲するのではなく、分布域全体をカバーするように、捕獲オリを面的に設置することにした。これは捕獲数を目標にするのではなく、捕獲努力量を目標にする管理手法である。

捕獲努力量とは、単位面積あたりに設置したオリの数とその稼働日数をかけ合わせたものだ。たとえば、10台のオリを100日間稼働させたら、1000罠・日となる。これによって捕獲された頭数を捕獲努力量で割ると捕獲効率（CPUE：Catch Per Unit Effort）が簡単に計算され、この数値が対象動物の相対的な生息密度指標となるのだ。

外来動物の根絶には、何頭捕獲したかではなく、着実に減ったのかが重要である。外来動物自体の個体数は不明だが、捕獲の効果は相対的な密度指標である捕獲効率の低下でわかる。もし捕獲効率が低下しないのなら、捕獲努力量が不足しているのである。基本的にオーストラリアなどで行われている外来動物対策と同じ考え方である。

奄美大島では、1990年代からマングースの捕獲対策が始まり、外来生物法が施行されると環境省によって本格的な根絶計画が進められた。マングース対策では、この努力量管理の手法が功を奏し、徐々に生息密度は低下し始めていた。

ただ、捕獲努力を続けていても、ほとんどマングースが捕獲されない地域が出てくると、どうしても捕獲の手を緩めたくなる。しかし、ここをがまんするのがポイントなのだ。繁殖力の強い動物では、手を緩めたとたんに生息密度はあっという間に回復してしまうからだ。

ところが、民主党政権時代に行われた、いわゆる「事業仕分け」では、マングース対策に批判が集まった。捕獲効率が落ちているのに、いつまでも捕獲努力を維持するのは税金のむだ遣いだ、というわけだ。確かに単年度の費用対効果主義の発想からは、そのように映るのであろう。しかし、10年単位で対策が必要な外来種対策では、総コストとしての評価が必要である。これまでの外来種対策先進諸国の経験からは、初期投資と努力量の維持にコストをかけるほど、総コストは低下することがわかっている。

幸い、この事業仕分けはなんとかくぐり抜け、おかげで税金のむだ遣いをしないですんだ。その後、2022年までに完全排除を目標として捕獲対策を進めた結果、順調に根絶地域は拡大し、近い将来、根絶宣言が出せる見通しとなってきた。もし奄美大島からの完全排除が実現したら、外来動物としてのマングース対策では世界初の快挙となる。これで殺戮を続ける必要がなくなるわけだ。

一方、アライグマでは、生息分布の拡大に歯止めがかからないでいる。2018年に環境省が公表した最新の分布図（前掲、図3-1）では、大都市圏を中心に定着が進み、平野部はほとんど埋めつくされようとしている。神奈川県三浦半島では、2013年までは相対生息密度が順調に低下してきたのだが、それ以降は徐々に上昇へ転じ、しかも捕獲努力量を上げても生息密度が下がらなくなっている。これは、対策が長期化するにつれ、市町村によっては財政的にも努力量の維持が厳しくなって、面的な捕獲努力が低下しているうえに、アライグマ自体が捕獲オリを避けるような学習をしているからでは、と考えられている。

アライグマ対策が実施されている多くの地域では、捕獲事業が被害地域や地元自治体に任せきりになっている。これまで外来動物の根絶に成功したのは、責任ある管理者が科学的に計画的に捕獲対策を続けてきているところだけである。今一度、わが国のアライグマ対策の体制を見直す必要があるだろう。

## (2) 動物を飼うということ

そもそも、ヒトは動物を飼う唯一の動物である。野生のゴリラがペットのよ

うにカメレオンを肩に乗せて一緒に暮らしている様子を観察した例はあるが、とくにゴリラが餌を与えていたわけではないようだ。ましてや、ゴリラがカメレオンを繁殖させて増やすような行動は観察されていない。

　ヒトのみが行う「動物を飼う」という行動が、動物の家畜化を実現し、それによってヒトの生活に恵みをもたらした。こう考えると、動物を飼うということは、進化史上で重要なヒトの本性だったのかもしれない。その意味では、外来動物問題は人類史上で必然の出来事だったといえる。

　実際、前述したように、外来生物法で特定外来生物に指定された動物たちのほとんどが、人間が飼育するために連れてきた野生動物たちだった。ただし、動物を飼うことが、いくらヒトの本性だったとしても、無制限にその行為が許されるというわけではないだろう。

　つまり、連れてきた動物たちを、きちんと人間が飼育し、管理してさえいれば、外来動物が生まれようもなく、ましてや根絶などという馬鹿げた対策をする必要もなかった。さらにいいかえれば、こんな野生動物たちを飼うべきではなかったのである。

　ヒトは、長い歴史の過程で、多くの野生動物たちの中からヒトの生活に適したものを選抜し、ついには家畜種を生み出した。いわば、家畜とは、ヒトが飼うためにつくった人工の動物なのである。だから、人間は家畜を家畜として飼い続ける義務がある。ましてや、人工の動物である家畜を野生化させるなど、進化に対する介入であり、倫理的にも許されるものではない。

　家畜化は、ほとんどの場合、1万年以内に起こったと考えられてきた。ところが、最近、米国ストーニーブルック大学のクリシュナ・ビラマ准教授らの研究チームは、犬の家畜化は2万年から4万年前の間に起こったことを突き止めた。つまり、ヒトは生物進化に匹敵するほどの時間をかけて野生動物を家畜化し、彼らと付き合ってきたということになる。

　ところが、これほど古くからヒトが家畜化を試みてきたのに、家畜化に成功したのは、わずか40種足らずの野生動物にすぎない。裏返せば、それ以外の野生動物たちをヒトの生活圏でじょうずに管理するのは至難の業であったということにほかならない。だから、そんな野生動物たちを人間は飼うべきではない。本章の冒頭で紹介したカワウソも例外ではないのである。

　くどいが、もう一点だけいっておこう。新たな外来動物問題を生み出しては

ならない理由は、外来動物による生態系影響を予防するためだけではない。こんな問題を人間がつくりさえしなければ、けっして生命を奪われずにすんだ動物たちを、この世からなくすためでもある。私たち人間が、地球上で動物を飼う唯一の動物だからこそ、その責任を重く自覚すれば、けっして野生動物を飼う必要はない。

　それが外来動物問題の究極の解決策である。

# 4 環境汚染と感染症
## ——蝕まれる野生動物

## 4.1 環境ホルモンから放射能汚染へ

### (1) アザラシの大量死

　1988年に北海やバルト海で発生したアザラシの大量死に端を発し、その後に出版されたシーア・コルボーンらの著書『奪われし未来』（日本では1997年出版）によって、環境ホルモン（内分泌攪乱化学物質）問題は、大きな社会問題へと発展することとなった。

　当初は「騒動」に近い世論の反応があり、書店には専門のコーナーまで用意されたほどだった。政府も社会の大きな反響を無視できず、1998年に環境庁（当時）がとりまとめた「SPEED '98」（Strategic Program for Environmental Endocrine 1998；環境ホルモン戦略計画）では、野生動物を対象とした研究班を設置して、ダイオキシン類や環境ホルモンなどの蓄積や健康影響の実態調査に乗り出すという方針を打ち出した。

　調査の一方で、1999年にはダイオキシン類対策特別措置法が制定され、ポリ塩化ジベンゾフラン（PCDF）、ポリ塩化ジベンゾ・パラ・ジオキシン（PCDD）およびコプラナーポリ塩化ビフェニル（コプラナーPCB）といったダイオキシン類の耐容一日摂取量と環境基準などが定められた。これによって、ダイオキシン類の発生源である焼却炉などの排出規制が課されたのである。

　この研究班は、国立環境研究所の大井玄所長（当時）を座長として、環境汚染物質だけではなく野生動物の専門家も参加する多彩なものとなった。環境ホルモン問題の発端がアザラシだった関係で、化学物質のことは素人だった私もその一員に加えていただくことになったのだ。大井先生は、化学物質の生物影響を明らかにするには、実験室だけではなく野生の生きものをきちんと調べなければならない、とつねづね主張されていた。その結果、それまでの環境影響調

査としては異例ともいえる、ネズミからクジラまでを調査対象とする大規模な
ものとなった。

じつは、これまでも日本では野生動物を対象とした有害化学物質のモニタリ
ング調査が長年にわたって行われていた。これは、「化学物質と環境」(いわゆ
る黒本調査)と呼ばれる調査で、環境庁が 1974 年から「生物モニタリング調
査」として野生動物を対象に化学物質汚染状況の継続調査を実施していたのだ。

ただし、環境ホルモン問題の観点から、この調査には大きな問題点があった。
この調査では、目的が生物を指標とした環境汚染の監視にあるため、対象生物
への影響は調査されていない。つまり、生物種や採取地域による化学物質の蓄
積の違いはわかるのだが、生殖器の異常や病理学的な変化などは知ることがで
きないのである。こうした調査が行われていない理由は、化学物質が人間へ与
える影響の評価しか考えてこなかったからだ。

このことは、調査マニュアルで、野生動物から化学分析用のサンプルを採集
する際に、その部位を「可食部分」と呼んでいることに象徴される。けっきょ
く、わが国の野生動物に対する化学物質の健康影響を評価するには、枠組みを
含めて一から考え直すほかはなかった。

そこで、環境ホルモンの調査では、単に化学物質の汚染レベルを測定するだ
けではなく、血液検査や病理検査などの健康影響調査が組み込まれたのである。
私が知る限り、このような野生動物の調査は、わが国では初めての試みだった
と思う。この陰では、担当された環境庁の担当者による並々ならない努力があっ
たようだ。もしかしたら、彼が厚生省(当時)から出向していた医師の資格を持
つ職員だったので、健康影響にこだわってくれたからなのかもしれない。

健康状態の動向だけではなく、経済状況などを含め、あらゆる事象の継続的
な監視を「サーベイランス」という。わが国では人の健康動向についてさえも
サーベイランスの仕組みづくりはあまり進んでいたわけではなく、ようやく
1999 年に施行された感染症予防法で感染症サーベイランスが始まったといわれ
ている。その意味では、この環境ホルモンによる野生動物の健康影響調査は、
わが国における野生動物サーベイランスの先駆けといってもよいだろう。

しかし、この画期的な調査は 2005 年まで継続したが、環境省が SPEED '98
の後継事業として立ち上げた「ExTEND」2005 (Enhanced Tack on Endocrine
Disruption:内分泌攪乱物質への取り組み強化)によって打ち切られることに

なった。ダイオキシンの排出規制が進み、環境中の汚染濃度も低下していることが背景にある。確かに、野生動物の調査でも、ネズミのような寿命の短い動物ではダイオキシン類の蓄積量は急速に低下していた。一方で、鯨類などの長寿命で食物連鎖の上位に位置するような動物では、むしろ蓄積量は増加傾向であることが報告されていた。また、こうした動物では甲状腺異常や免疫低下といった健康影響も徐々に明らかとなっていった矢先のことであった。

ただ、調査打ち切りの一番大きな理由は、環境ホルモンによって日本の野生動物で繁殖障害や個体数の減少など、個体群の維持に大きな影響が出ているという証拠が見当たらなかったからだ。しかし、冒頭で紹介したアザラシの大量死の教訓は、外見的な異常ではなく、彼らの健康状態をつねに監視していなければ大量死の予測はできない、ということのはずだ。

ダイオキシン類などの有機塩素系化学物質は残留性が高く、環境中での半減期は約500年といわれている。確かに排出量は減少したかもしれないが、すでに環境中へ排出してしまったものの影響は長期間の監視が必要である。私たちは、こうした人工化学物質が将来的にどのような健康影響を引き起こすのか、ほとんど経験知を持っていない。当然、想定外の出来事が起こる可能性は否定できないのである。

しかし、残念ながら新たな化学物質対策の方向性が環境省から示されて、わが国で継続性のある野生動物のサーベイランス体制を組むことは、露と消えてしまった。

## (2) 福島原発災害

それから数年経った2011年3月、東日本大震災が発生した。発災時に、私は神奈川県庁で会議中だったのだが、それまでの人生で一度も経験したことのない揺れを感じた。高層階にいたせいかもしれないが、立って歩くことすらままならなかった。窓から見える東京湾の水面がうねるように揺れて、恐怖を覚えるほどであった。

その後の大津波に襲われた東京電力福島第一原子力発電所は、全電源喪失となった末に爆発し、わが国は未曾有の原子力災害に見舞われることになる。まったく予想もしていなかった放射性物質による新たな環境汚染問題の発生である。

この結果、政府による避難指示によって、16万人もの住民が避難を余儀なく

図4-1　福島第一原発へ向かう道路の検問（2012年5月）

され、東京都の面積に匹敵する約 2000 km² もの範囲が無人地帯となった。そこには50万頭を超える家畜と数え切れない野生の生きものたちが取り残された。

　私は、原発が爆発した翌年の5月に、鳥獣被害対策の支援で役場や猟友会の方々とこの無人地帯へ初めて入った。震災から1年以上も経つというのに、倒壊した家屋や津波で流されて無造作に投げ捨てられたような車両が累々と続き、声を失った。ただ、それ以上に震撼とさせられたのは、外見上は無事に見える家屋でも、洗濯物や食卓の食器もそのままに、人だけが忽然と消し去られたような風景であった。行けども行けども人影はなく、それまで聞こえていたはずの人の営みを示す音もない。唯一、聞こえる人工の音は、私たちが持っていた線量計のアラームだけだった。

　じつは縁あって、この事件の前から私は福島へ通っていた。以前から、私は世界最北限の野生霊長類である雪国のニホンザルに高い関心があったからだ。ほとんどの野生霊長類が熱帯や亜熱帯に暮らしているのに、ニホンザルは例外的に雪国にも暮らす。海外の研究者たちからはスノーモンキーと呼ばれるたいへん不思議な生きものが、このニホンザルなのである。私は、福島市からの理解をいただいて研究する機会に恵まれ、2008年から仲間たちとサルの調査を開

第 4 章　環境汚染と感染症　85

図 4-2　福島のニホンザル（提供：今野文治氏）

始していた。
　そのサルたちが、この大震災を境に世界で初めて原発災害で被ばくしたヒト以外の霊長類となってしまった。
　この事態を受けて、いったいサルたちがどれほど被ばくし、そして彼らの健康にどのような影響があるのかを調べるべきだと思った。ただし、私は獣医師ではあるが、放射性物質や放射能影響の専門家ではない。なにを、どのように調べればよいのか、見当すらつかなかった。そこで発災当時、医学分野の専門家に協力を求めたが、今は人間が優先でサルの研究をする余裕などない、と一蹴されてしまい、途方に暮れていた。
　それでも、私たちは未曾有のこの災害に不幸にも立ち会ってしまったのである。こんな原発災害が起こらなければ、おそらく私は一生このような研究分野には足を踏み入れなかったと思う。ただそのときは、現場を知る者が見過ごしてはいけない、という単純な使命感しかなかった。立ち会ってしまった者しか残せない事実が必ずあると私たちは考えた。
　後になって聞けば、福島の現場で調査を継続している野生動物の研究者たち

も同じ思いだったようだ。とにもかくにも、原発災害による実態を明らかにすべく、私たちは大震災発生の約1カ月後から長期的なサルの健康影響調査に乗り出したのである。

　まず、サルたちの被ばく量を推定するために放射性物質の体内蓄積量を測定しようと考えた。しかし、私たちのような素人には、サルの体内に取り込まれたすべての核種を測定することができない。そこで、相対的な被ばく量として筋肉1kgあたりの総放射性セシウム（$^{134}$Cs＋$^{137}$Cs）濃度（以下、セシウム濃度）を測定して評価することにした。セシウム濃度なら、器械さえあれば私たちでも測定できるからだ。

　2011年4月以降に福島市が農作物被害対策のために管理捕獲したサルの遺体からセシウム濃度を測定し始めた。さらに、これらと比較するために、2012年度には青森県内で捕獲されたサルも同様に検査することにした。

　原発から約400km離れた青森県のサルでは、すべての個体でセシウム濃度は検出限界（10Bq/kg）以下であった。一方、福島市のサルにおけるセシウム濃度は、2011年4月に1万から2万5000Bq/kgと高濃度を示したが、3カ月あまりかけて1000Bq/kg程度にまでいったん減衰し、2011年12月からの冬期間に2000から3000Bq/kgに達する個体が見られるようになり、2012年4月には、再び1000Bq/kg前後になった。

　これ以降、セシウムの半減期に従って濃度は徐々に低下しているが、冬期間における濃度の上昇は2012年度以降も観測され、セシウム濃度が高い冬芽や木の皮などをこの時期に採食していることなどが原因と考えられた。また、サルの捕獲地点における土壌汚染レベルの上昇に伴って、セシウム濃度は有意に増加することが明らかとなった。

　サルの健康影響調査は、まず血液検査から始めることにした。人に限らず、放射線による健康影響の指標として、血液学的検査を行うことは一般的であるからだ。すると、福島市のサルでは、青森県のサルと比較して血球数や血色素濃度などが有意に低下していた。とくに若齢個体では白血球数とセシウム濃度との間に有意な負の相関が認められたのである。

　青森県のサルではセシウムが検出されなかったことから、これらの血球減少はなんらかの放射性物質による造血機能への影響が考えられた。類似の現象は、チェルノブイリ原発災害後の子どもたちで観察されていることもあってか、と

くに海外メディアから多くの取材を受けた。

　一方、私たちのこの結果に対して、実際の被ばく放射線量との因果関係が不明瞭である、個体レベルでの血球数の減少は生態系への影響とはいいがたい、などの批判も国内外から寄せられた。確かに、白血球の減少は、ただちに生死に関わるものではないが、免疫機能の低下などの潜在的リスクをはらんでいる。だから、新たな感染症の発生などで大量死が起こる可能性は否定できない。これは前述した北海やバルト海のアザラシ大量死事件と同じで、野生動物が外見上健康であることや個体数が増加していることをもって、「影響がない」と結論づけるべきではないのである。

　さて、ではサルたちの被ばく影響は次世代にまでおよぶのだろうか。これまで、人や実験動物における研究では、妊娠中の放射線被ばくによって、胎子や新生子に低体重などの成長遅滞が報告されている。また、広島や長崎の原爆で被爆した妊婦が小頭症の子どもを出産した事例も知られている。そこで私たちは、被ばく前後での胎子の成長などを比較することにした。

　解剖時に摘出されたサル胎子について、その成長指標となる頂臀長（頭頂部から臀部までの直線距離。人の座高にあたる）に対する体重や頭部サイズ（頭部の最大長径と最大横径の積）の相対成長を比較した。その結果、被ばく前に比べ、被ばく後の胎子では体重および頭部サイズともに、低い相対成長を示すことが明らかとなった。簡単にいうと、身長が同じでも、被ばく後の胎子は低体重で、しかも頭が小型化しているのだ。

　この頭部サイズとCTスキャナーによって推定した頭蓋内容積（脳容積に近似）の間に高い相関があることがわかっている。したがって、相対的に頭部サイズが小さくなっているということは、脳の成長が遅滞しているのかもしれない。

　正直いって、このような結果が出るとは予想していなかった。データをグラフ化した瞬間、自らの目を疑ったほどだ。しかし、繰り返しデータを確認し、グラフをつくり直しても同じ結果である。おそるおそる論文を投稿したところ、今回はあっという間に受理され、2017年に公表となった。

　ところが、すでに原発災害から7年目ともなると、メディアの関心は冷めているのか、論文を発表しても国内からの取材は皆無だった。もはや福島の事件はなかったことにされてしまうのだろうか、と落胆していたところ、数カ月後

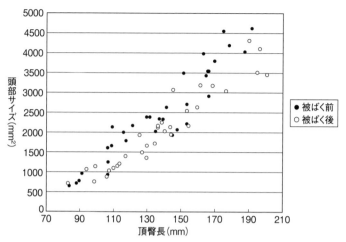

図4-3　福島市のサル胎子における頭部サイズの成長（黒：被ばく前、白：被ばく後、Hayama *et al.* 2017 より作図）

に米国シカゴ大学から、フクシマをテーマとしたシンポジウムでの講演依頼が舞い込んだ。

　このシンポジウムは、シカゴ大学が世界で初めて原子炉で臨界を達成して75周年を記念した関連行事のひとつだという。主催の同大学社会科学部東アジア研究センターから、私も出演したドキュメンタリー映画「福島　生きものの記録」の岩崎雅典監督と私が一緒に招待され、この映画の上映と私たちの講演がセットになっていた。また、核問題などの多様な分野の専門家や広島原爆に先立って核実験が行われたハンフォードの米国人被ばく者団体代表などとのパネル討論も行われた。

　会場は100年前に建てられた石造りの荘厳な階段教室で、私たちのプレゼンでは150席あまりの会場が立ち見に近い状態だった。日本国内で経験したことのない関心の高さで、うれしい限りだったが、「こんな研究成果を発表して日本政府から圧力はかからないのか」と心配する意見も多くいただき、米国の闇を見た気がした。

　一方で、この前日に行われた同大学物理学部主催のシンポジウムでは、原子力開発に批判的な基調講演に対して、核物理学者などから原子力支持の反論が続いたそうだ。シカゴ大学は100名近いノーベル賞学者を輩出した世界有数の

大学院大学である。このような理系学者たちの発言が軽率と思えるものであっても、当然のことながら政府には影響力があるので、社会科学部の方々は辟易している様子だった。

さて、この原発災害による影響は、人の生活や健康だけではなく、地域の野生動物や生態系へもおよぶと懸念されてきた。これまでに、アブラムシ、ヤマトシジミ、ツバメ、コイ、ネズミ等を対象とした影響調査が行われ、徐々にその実態が明らかになりつつある。しかし、低線量長期被ばくという未知の領域を明らかにするには、寿命の長い動物を追跡調査することも重要と考えられる。

その意味では、サルは30年近い寿命を持つため、低線量長期被ばくによる生物影響の研究対象にすることは意義深い。また、人間と分類学的にもっとも近縁な動物であるため、サルの研究成果は人間の低線量長期被ばくの健康影響に対しても重要な知見を提供できるかもしれない。ただ、今後数十年の追跡調査が必要だとしても、それを個人の研究者がやり続けるのはきわめて難しい。

そこで、2017年に福島市で開催された第33回日本霊長類学会大会では、「関連学会と連携しながら、ニホンザルの被ばく影響に関する調査活動への支援を関係行政機関に働きかけていくこと、被災地の動物の研究・保全、ならびにその知見を普及する活動を日本霊長類学会としてさらに支援する決意を表明する」という学会声明が採択された。また、翌年にケニアで開催された国際霊長類学会では、日本霊長類学会の取り組みに賛同するという会長声明が発表された。

こうした動きを受けて、日本霊長類学会をはじめとする野生動物関連5学会が連名で、2018年11月に環境大臣へ「放射線被ばくが野生動物に与える影響調査についての要望書」を提出した。この要望書には、ニホンザルなどの中・大型動物を調査対象に加えることや、関係機関が実施している研究データの重要な一次資料を網羅的に閲覧できる仕組みが提案されている。

はたして、日本政府はこれらの声を受け止めるだろうか。

## (3) モニタリングの意味

ところで、私たちの論文が英国のガーディアン紙や米国のワシントンポスト紙など海外メディアで取り上げられた際に、各紙からコメントを求められた専門家の多くは、本研究が被ばくと健康影響の直接的な因果関係を証明していないと主張していた。確かに、直接的な因果関係を証明できていない点には同意

するが、野生動物で個体レベルの累積被ばく量を正確に知ることは難しい。

1986年のチェルノブイリ原発災害においても同様で、被ばくによる人間や野生動物の健康影響について、いまだに大きな意見の対立がある。とくにロシア科学アカデミーのヤブロコフ博士らがおもにスラブ系言語で書かれた1000本以上の論文や報告書を総覧してとりまとめた『チェルノブイリ被害の全貌』では、IAEA（国際原子力機関）やWHO（世界保健機関）などが出した影響評価に対して「過小評価」であると批判しているのが象徴的だ。

じつは、先のような専門家からの批判的意見を、前述した環境ホルモン問題の際に、私は何度も受けた経験がある。いわゆる環境ホルモンも放射性物質のように環境中の動態が複雑であり、かつ野生動物は多様な化学物質によって複合的に影響を受けている可能性が高い。そのため、毒性学でよく用いられる「用量反応曲線」のように、化学物質の曝露量と健康影響との明確な因果関係を示すことは困難であった。

しかも、実験動物での研究とは違い、野生動物では個体ごとに化学物質の曝露状態は異なる。また、単品の化学物質だけに曝露されている野生動物など存在しないので、複合的な曝露状況を再現して、その健康影響を評価する実験など、そもそも実行不可能である。

むしろ、実際の臨床症状や検査データの異常が観察された事実から、疫学的に原因へアプローチするのが未知の環境災害に対する科学的な態度だろう。こうした健康影響に関する意見対立は、原爆による被ばく影響や水俣病事件など、これまでも何度も繰り返されてきたが、この背景には通底する科学的態度があるのではと想像される。

このような未曾有の環境汚染による健康影響を考えるとき、それまでの「常識」ではなく、目の前の生きものが示す「病像」に向き合うべきだろう。このことは、水俣病の患者さんたちを長年にわたって診察してきた原田正純先生（故人）から教わった。私は、原田先生が編集同人だった学術誌『環境と公害』の編集会議で末席に加えていただき、ものごとの本質を知るには、可能な限りすべての事実を調べるべきだということを学んだ。実際、原田先生は住民一人一人を訪ねて診察され、いまだに実態調査をしようとしない行政とは対極の態度を示されてきた。その結果、行政が定めた基準値や症状にあてはまらない被害者が多数にのぼることを突き止めたのである。

いずれにしても、チェルノブイリ原発災害から30年近く経てもなお、いまだに次々と新たな事実が報告される状況を見れば、福島の放射能汚染問題と向き合うには淡々と事実を積み上げるのが科学者の務めなのだと確信している。

しかも、チェルノブイリでは、当時の政治体制の影響などによって、被ばく直後の調査がほとんどなされておらず、実態がいまだに把握されているとはいいがたい。2000年代に入って国際機関などが行った科学的な検証では、データ不足ゆえに放射性物質による影響の評価が分かれる結果となってしまった。福島では、同じ轍をけっして踏んではならない。

環境省は、2012年度から生態系への影響を評価するためのモニタリング調査に着手した。しかし、具体的な調査内容は十分に検討されているとはいえない。こうした調査に十分な予算が割けないという事情が背景にはあるようだが、調査対象とする野生生物は、ICRP（国際放射線防護機関）が指定した12種の「指標動植物種（reference animals and plants）」に限定するとしている。この指標動植物種とは、2007年にICRPが勧告した「環境防護」を実現するための概念的なモデルとして選定されたものだ。

ICRPは、あらゆる被ばくの状況において、生物の多様性を維持し、種の保存と生態系の健全性を保護するために、「環境防護」という指標が必要であると勧告した。この結果、各国の規制当局は、環境が防護されていることを明確に示すことが求められるため、環境中の放射性物質への曝露と被ばく線量率との関係、被ばく線量と作用との関係、そして作用と影響との関係を評価する枠組みをつくることになったのだ。

しかし、すべての野生生物を対象にこのような関係を検討できないことから、モデルとしての指標動植物種を選定したわけだ。つまり、指標動植物種は、特定のタイプの動物や植物、分類学上同一の「科」に分類される生物種に共通するような生物学的特性を有した仮想的な存在である。ただし、指標動植物種は、線量評価、影響評価のための基礎的情報を提供するために導入された概念であり、これらの動植物を現実の放射線防護の対象にしようとするものではない。

以上の説明からも明白だが、ICRPは指標動植物種を実際の生態系影響評価の対象にすべきであるとして指定しているわけではない。確かに、これらの生物では、一定以上の科学的知見があることも事実だが、必要なのは福島の現場で生態系への影響を把握し、評価することである。

単純な問題点をひとつだけあげておこう。12 種の指標動植物種のうち哺乳類はシカとネズミの2種類である。このうち、シカは 15 年以上の寿命を持ち、長期間にわたる健康影響を評価するには適当と考えられる。しかし、もっともモニタリングを必要とするのは福島第一原発がある福島県浜通り地方である。ところが、この地域にシカは生息していない。

福島では、少なくとも「実際に生息している」サルのような長寿命の野生動物を調査対象にすべきである。

## 4.2 感染するガン

2016 年 6 月に東京都立多摩動物公園で 2 頭のタスマニアデビル（以下、デビル）が公開された。わが国では約 20 年ぶりの展示ということもあって、この動物園の目玉となっている。じつは、この 2 頭、デビルの「ノアの方舟計画」とでもいうべきプロジェクトの広告塔として来日した親善大使なのである。

1990 年代、デビルはオーストラリアのタスマニア島に約 13 万頭が生息していたと推定されている。しかし、原因不明の感染症によって 2000 年代に入ると約 50% に激減し、このままでは 10-15 年で絶滅すると予測されたのだ。実際、2008 年にはレッドリストの絶滅危惧 II 類から I 類に格上げされてしまった。

はたして、この感染症とはなにか。そもそも、感染症で野生動物は絶滅するのだろうか。

### (1) 激減するタスマニアデビル

タスマニアは、北海道の 8 割ほどの面積の島で、約 9000 万年前に始まったゴンドワナ大陸の大移動の際に、オーストラリア本土から分離されて生まれた。その後、海面変動によって少なくとも 8 回はタスマニアと本土が陸続きとなり、独特の生物相が形成されたと考えられている。

間氷期に入った約 1 万 3000 年前に現在のような島として孤立した。そのため、比較的人為的な影響を受けずにすんだことが幸いし、本土で絶滅した多くの野生動物がこのタスマニアでは生き残っている。オーストラリアの野生動物にとって、タスマニアは、いわば方舟的な存在ともいえる。

第4章　環境汚染と感染症　93

図4-4　タスマニアデビル

　このタスマニアでもっとも知名度の高い野生動物がデビルだ。しかし、一方できわめて誤解され続けている野生動物でもある。そもそも、「デビル（悪魔）」という名前は、大いにつくられたイメージである。実際に見ると聞くとでは大違いで、私はこれほどキュートな動物に出会ったことはない。ただ、確かに、餌を奪い合って闘争する際に出す声を暗闇で聞いたなら、不気味な動物を想像しても不思議ではない。この動物が夜行性であるため、ほとんど姿を見ることができないのも一因だろう。
　一説には、耳介が薄く血管が透けて真っ赤に見えるため、悪魔のようだと思われたらしい。オーストラリアでは、デビルが口を大きく開けた写真やぬいぐるみなどが土産物屋に並び、こうしたイメージを増長している。
　ところで、名前からはタスマニアの固有種と思われがちだが、これも誤解である。じつは、すでに絶滅したタスマニアタイガー（以下、タイガー）と同様に、かつてはオーストラリア全土に広く生息していた野生動物なのである。オー

ストラリアの先住民であるアボリジニーは、4万年以上前からこの肉食獣たちとともに暮らしてきた。アボリジニーの人々は、デビルやタイガーを食料として捕獲していたようだが、絶滅させるようなことはなかった。

しかし、状況が一変したのは、アボリジニーが約4000年前に本土へ持ち込んだ犬が野生化してからだ。この野生犬ディンゴは、急速に分布を拡大させた。当然、デビルやタイガーと競合関係になったことは想像にかたくない。その結果、いずれの種も本土では数世紀前には絶滅したと考えられている。

一方、ディンゴの侵入を免れたタスマニアだけは、デビルもタイガーも生き残っていた。しかし、1803年にヨーロッパからの移民が始まるとタスマニアも楽園ではなくなってしまった。移民たちは広大な原野を牧場に変え、羊の放牧を始めた。その結果、ハンティング能力に勝るタイガーによって、多くの羊が殺されることになった。これが、デビルとの運命を分けることになる。

19世紀末には、タスマニア州政府がタイガーに懸賞金をかけて捕獲を奨励するようにまでなってしまった。1頭あたりの懸賞金が当時の労働者の日当に相当したそうで、その結果、多くのタイガーが捕殺された。このころ、わが国でもニホンオオカミを捕獲すると高額な報奨金が支給され、同じ末路をたどることになった。

1910年ごろにはほとんど捕獲されることがなくなり、1930年に殺されたタイガーが野生個体の最後の1頭だった。さらに、1936年に最後の飼育個体が州都ホバートの動物園で死亡し、それ以降、タイガーが生存する確実な証拠は得られていない。

一方、デビルの個体数も、移民が始まると急速に減少した。その名前やイメージから、移住者たちによる駆除もずいぶん行われた。さらに、牧場や農場の害獣であるワラビーなどを殺すために毒薬が撒かれ、その影響は大きかったようだ。ようやく1941年にタスマニア州政府がデビルを法律で保護対象に指定したため、徐々にその個体数は回復し、絶滅を免れることができた。

ところが、前述したように2000年代中ごろには原因不明の感染症によって、再びデビルの個体数が激減してしまった。そこで、タスマニア州政府では、デビルの保護対策に乗り出すことになったのである。

## (2) 乱獲と免疫異常

タスマニア州では、絶滅危惧種を含む野生動物の対策を第一次産業水資源省（DPIW）が担当している。日本でいえば、農林水産省と環境省に加え、国土交通省の河川局がくっついたような巨大開発官庁である。このような自然資源管理を一元的に行う行政組織は、近年になって欧州では一般化しつつあるが、オーストラリアでも2000年代の行政改革の末に、現在のかたちができあがったそうだ。

DPIWでは、デビル対策チームを編成して、この謎の感染症の原因と対策を研究している。方法はじつに単純で、片っ端からデビルを捕獲して、検査をするというものだ。現場で捕獲された個体は、口のまわりや口腔内に潰瘍や腫瘍の有無を観察する。重篤な個体では、口腔内からはみ出た腫瘍が垂れ下がり、出血もしている。腫瘍が発症すると、9カ月以内にほとんどの個体が死亡するという。原因不明の感染症といったが、これは世界で唯一発見された"感染するガン"なのである。

悪性腫瘍の好発部位が顔面であることから、この感染症は「デビル顔面悪性

図4-5 DFTD（デビル顔面悪性腫瘍症）を発症した個体（口腔から腫瘍がはみ出している）

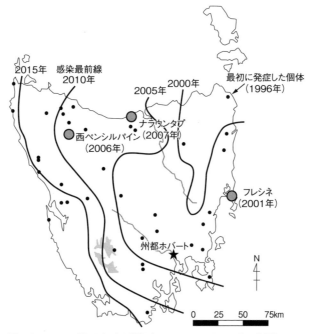

図4-6 DFTD感染の広がり推移（Epstein *et al.* 2016より作図）

腫瘍症（Devil Facial Tumor Disease）」（以下、DFTD）と名づけられた。このDFTDは、幸い母から子へとうつることはまれだ。デビルは、餌を奪い合う際や交尾行動の際にたがいの顔を嚙み合う習性があり、ほとんどがその嚙み傷からガン細胞が感染すると考えられている。

すでにタスマニア島の面積の8割にあたる地域でDFTDに罹患した個体が確認されている。島の全域に蔓延するのは時間の問題と考えられた。そこで、対策チームでは、2006年から野生個体群でDFTDの罹患個体を次々に除去して、罹患率を下げる対策を行った。この対策には、トレーニングを受けた多くのボランティアが州政府の専門家たちの指導の下で捕獲作業に携わった。現場で捕獲された個体は、専門の獣医師により検査を受け、罹患している個体は安楽殺処分される。

しかし、残念ながら罹患個体を除去しても、思うように罹患率は低下しなかった。DFTDの伝播速度に捕獲が追いついていないと考えられた。

第4章　環境汚染と感染症　97

　殺処分されたデビルの遺体は、タスマニア州第2の都市、ロンセストンにある DPIW の動物医学研究所に送られ、病理解剖により詳細な検査に回される。ここにはデビルの病理検査を専門にする獣医病理医がいる。この研究所は、もとは家畜衛生研究所だった機関である。近年になって、水産動物やペットの臨床検査などにも業務範囲が広がり、さらに野生動物も対象に加わった。

　オーストラリアでは、高病原性鳥インフルエンザなどの共通感染症から人間や家畜の健康を守るために野生動物の医学的研究が重視され、2000年には動物園や大学と連携した「オーストラリア野生動物医学ネットワーク」が設立されている。このネットワークを運営するために、各州政府では野生動物専門の獣医学コーディネータを配置した。

　DFTD を発見した研究チームの一人、ピークロフト博士によれば、DFTD の組織像は、腫瘍の中でも特徴的だという。DFTD は好発部位こそ違え、イヌの可移植性性器肉腫（CTVT）とよく似ている。しかし、CTVT はおもに粘膜で増殖するが、DFTD は皮下組織に浸潤する。したがって、DFTD では、交尾や舐め合うことだけでは腫瘍細胞はうつらない。やはり、デビルのたがいに顔面を噛み合うという特有の行動が感染に関わっているようで、腫瘍細胞が傷口から皮下組織に移植されてしまうというのだ。

　さらに、CTVT はあまり転移しないが、DFTD は内臓に転移し、このことが死亡率を高めている可能性もある。しかも、これらの知見は、野生個体の病理検査だけではなく、実際にこの研究所で健康な個体を用いた感染実験によって裏づけられているという。私が日本では絶滅危惧種をそのまま感染実験に使うなど許されないというと、ピークロフト博士はこともなげに、DFTD が本当に感染症であることを証明することが、対策への国民の理解を得るために重要だと話していた。

　さらに驚いたのは、この一連の研究では、過去に持ち込まれたデビルの病理組織や博物館などの標本をしらみつぶしに調べていることだ。その結果、DFTD を発症した個体が1997年以前には見つからず、しかも1990年代の発症個体の発見場所が、ほとんどタスマニア島の北東地域に限局していることを突き止めたのだ。しかも、個体ごとの腫瘍細胞にある遺伝子に変異が見られないことから、最初にこの地域で発症した一個体の腫瘍細胞が次々にほかの個体に移植され、蔓延していったと予想されている。しかし、どうしてデビルではガンが他

個体に感染するようになってしまったのだろうか。

　通常、他人の細胞が体に入れば、免疫細胞が異物として認識して破壊する。たとえば、臓器移植の際に問題となる拒絶反応は、このような仕組みが背景にある。拒絶反応を避けるには、移植を受ける本人になるべく近い遺伝子を持った臓器が必要となる。iPS 細胞を利用した再生医療が注目されているのは、そのためだ。

　一方、デビルでは他個体の細胞を異物として認識する機能が低下しているため、自分と他個体の細胞を見分けることができなくなってしまったらしい。この原因は、デビルの遺伝的多様性が乱獲によって失われていることにあるようだ。デビルは過去に少なくとも 6 回も絶滅寸前まで個体数が激減しているので、この過程で免疫系に関連する遺伝子の一部が失われてしまったと考えられている。つまり、この感染症を生み出したのは、何度もデビルを絶滅の淵に追いやってきた人間ということになる。

　一般の細胞と違って、ガン細胞は急速に増殖する。他個体から「感染した」ガン細胞が全身へ転移し、ついには死に至るのは、こうした理由である。DFTD の発見当時では、まったく治療方法が不明で、発症すればほとんどの個体が死亡していた。このような前代未聞の事態に、タスマニア州やオーストラリアだけではなく、世界中の専門家がデビルの復活を目指した「ノアの方舟計画」に協力を始めたのだ。

## (3)　復活に賭ける専門家たち

　オーストラリアでは、絶滅危惧種の対策は原則として州政府が実行する。一方、連邦政府が予算を分担するため、各州政府はおおむね 5 年間の絶滅危惧種対策計画を作成し、連邦政府に予算を申請する。そして予算化された対策計画（プログラム）では、専門のプロジェクトチームが編成される仕組みになっているのだ。

　ちなみに、このようなプロジェクトチームの若いスタッフは、基本的にオーストラリア全土（場合によっては海外）から公募で採用された精鋭たちである。タスマニア州では、毎週、水曜日と金曜日の地元新聞に州政府関係職員の公募記事が数ページにわたって掲載されている。そこに野生動物専門職の求人は毎週のように掲載されており、野生動物に関わる仕事の多さに、日本との大きな

違いを感じる。

さて、デビルが絶滅の危機に直面したため、2002年にデビルの対策計画（デビル・プログラム）がスタートした。現在のデビル・プログラム（2014–2019年）では、飼育下繁殖やDFTD清浄地域への移住作戦など、8つのプロジェクトを中心に対策が実行されている。このプログラムの年次事業計画書（business plan）には、それぞれのプロジェクトの内容が詳細に記述されている。日本でも絶滅危惧種の対策には同じような事業計画書をつくるが、これほど具体性があるものは日本で見たことがない。

じつは、野生動物対策全般にいえることだが、この点が日本とほかの先進諸国との大きな違いである。考えてみればあたりまえの話で、だれが、どこで、なにを、いくらの予算で実行するのかを明示しなければ、事業計画書とはいえない。また、この計画書には、その事業の成果をどのような方法で評価するのかが明示されており、効果検証もわかりやすい。これは、納税者への説明責任を果たすうえで、とくに重要なことである。

実際問題として、タスマニアが人口50万人足らずの州であるにもかかわらず、デビルのために年間250万豪ドル（約2億3000万円）を支出していることは大英断といってよいだろう。そのため、納税者が理解を示さない対策では、これほどの予算を支出し続けることはできない。だから、市民への教育普及事業がプロジェクトのひとつに位置づけられて、しかるべき予算が割り当てられているのである。

当然、むやみに情報を発信するだけでは普及啓発の効果は乏しい。デビル・プログラムでは、「コミュニケーション5カ年戦略」を立てて、プロジェクトを実施している。この戦略には、一般市民、関心の高い関係者、企業、メディアなど、情報を発信する対象ごとに、その手法や内容について明確な目標設定をしているのだ。

また、「戦略」の中には、地元やオーストラリア本土で開催される音楽祭や野生生物に関わるイベントの年間スケジュールが一覧され、イベントごとにどのようなアプローチで情報を発信するかが細かく記載されている。とくに、こうした活動を通じて、スポンサーとなる企業から対策の資金を集めることが、「戦略」の重要な事業に位置づけられているのである。

日本での経験からいうと、この「戦略」を含めたプログラム全体が、およそ

役所のつくったものとは思えない。じつは、このプログラムの統括機関自体が官民協働の組織なのである。この組織は、「運営委員会」と呼ばれ、プログラムの進行管理を任されている。この構成メンバーには、DPIW 以外には、州政府の国立公園局、連邦政府、タスマニア大学、オーストラリア野生動物医学ネットワーク、オーストラリア動物園水族館協会などが参加している。

とくに、タスマニア大学では、自らの大学財団の中に、これらの組織と連携した基金（正式名称：The Tasmanian Devil Appeal）を設立して、オーストラリア全土で募金活動を展開している。この基金への寄付金は、デビルの保護対策の研究に出資されているのである。

とにもかくにも、日本とのもっとも大きな違いは、こうしたプロジェクトに多くのプロフェッショナルが携わっていることだ。DFTD の調査研究や予防対策のプロジェクトはもちろん、このような教育普及事業にまで詳細な戦略案を練り上げ、実行に移すためには、当然のことながら各分野の専門家が必要となる。プロジェクトチームが専門家集団であることは、このような対策を進めるうえでもっとも重視されている「コミュニケーション」を実現するための必然といえるのかもしれない。

さて、デビル・プロジェクトの重要な柱のひとつに「保険個体群の確立」がある。「保険個体群」とは日本ではなじみが薄い言葉だが、絶滅危惧種の保護対策では世界的に取り組まれている手法である。つまり、「野生個体群」が生息域内で絶滅するおそれが高いとき、動物園や保護センターなどの生息域外で自立して存続可能な「飼育個体群」を創出することだ。

「自立して存続可能」とは、野生個体群から新たな個体を補充しないでも、遺伝的多様性を確保できる規模の集団という意味である。だから、もし野生個体群が絶滅したとしても、この飼育個体群をもとに野生復帰集団を増やせば、再び生息域内へ再導入できるはずだ。つまり、この飼育個体群は、野生個体群の絶滅リスクに対する、いわば「保険」のような存在であることから、「保険個体群」と呼ばれている。

DFTD の罹患地域は急速に拡大しつつある。実際にデビルの個体数は急激に減少し続けているため、DFTD 以外の要因でも絶滅するおそれがある。そこで、デビル・プログラムでは、いち早く保険個体群を創出することになったのだ。

しかし、こうした一連の取り組みで、大きな問題が発生した。従来から使わ

第 4 章　環境汚染と感染症　101

図 4-7　デビル・トラップで捕獲されたタスマニアデビル

れている金網張りの捕獲オリでは、捕獲されたデビルが中で暴れて犬歯を折るなどの大怪我をしたり、網格子を破壊して逃げ出したりする。同様なことは、日本でもクマなどの捕獲で問題視されてきた。また、腫瘍細胞が捕獲オリに付着すると健全な個体に移植されてしまう危険性もあるのだが、従来の捕獲オリでは衛生管理が困難だった。しかも、健全なデビルの捕獲は一刻の猶予もない。

　そこで開発されたのが、デビル・トラップだ。このトラップは、ポリカーボネート製の水道管を利用したもので、洗浄や消毒なども容易だ。それ以上に、このトラップは単純な筒状の構造なので、捕獲されたデビルは中が暗いために暴れず、ほとんど怪我をすることもなくなった。このトラップの開発者であるニック・ムーニーさんも、DPIW の野生動物専門家だ（当時）。

　ニックさんは、地元のテレビで動物番組には必ず登場するような有名人でもある。彼は、野生動物と共存する社会づくりにはメディアの力が重要だと力説し、自らも実践しているのだという。実際、オーストラリアで人気の発明番組に、彼がデビル・トラップを持って出演したことで、DFTD の問題が全国から注目されるようになったそうだ。

デビル・プログラムでは、飼育下で保険個体群を創出するために、DFTD が
まだ到達していないタスマニア島西部で、野生の創始個体（ファウンダー）を捕
獲している。捕獲するターゲットは、夏季に親元から分散する生後 6 カ月まで
の幼獣である。幼獣を捕獲する理由は、たとえ DFTD に罹患している母親から
育てられていても、幼獣には感染していない可能性が高いからだ。

さて、捕獲された幼獣は、専用の検疫施設に収容されて 6 カ月間の検疫を受
けることになっている。検疫を受け、DFTD に感染していないと確認されたデ
ビルたちは、ここからオーストラリア本土や世界各地にある 38 の協力動物園
に送られている。その一環で多摩動物公園へもデビルがやってきたというわけ
だ。2017 年現在で保険個体群として維持されているのは、160 頭のファウン
ダーを含め 467 頭にのぼる。

一方、デビル・プログラムでは、再導入や移住の実験が始まっている。2012
年からタスマニアの無人島に再導入が始まり、これまでに放たれた 34 頭の個
体が現在 85 頭になっている。これを 120 頭程度まで増やす計画だ。ただし、こ
の島はもともとデビルが生息していなかったので、緊急避難的な野外個体群の
創出が目的であった。

今のところ、デビルが生息している地域で野生復帰させても、感染個体がい
る限り個体数の回復は望めない。そこで、物理的に隔離が容易な半島状の地域
で、すべての野生個体を捕獲で除去した後、ここに島内の非感染個体を移住さ
せる作戦が始まっている。この地域には約 150 頭のデビルが生息していたが、
除去には 2005 年から 2012 年までかかった。もとの生息個体がいなくなったこ
とを確認した 2015 年から、これまでに 49 頭のデビルが放たれたが、2017 年
時点ではいまだ 31 頭しか生息が確認されていない。ここでは 250 頭程度の集
団を維持する計画だが、まだ成果は見えていない。

生息域外保全や野生復帰への取り組みが続く一方で、DFTD そのものへの対
策研究も進んできている。タスマニア大学メンジーズ医学研究所のグレッグ・
ウッズ教授をチーフとして、シドニー大学やケンブリッジ大学なども参加する
国際研究チームは、6 年間をかけて DFTD の免疫療法を開発した。この方法は、
デビルの免疫系を活性化させることで DFTD 細胞を破壊させるものだ。

実際に、2015 年から 2016 年にかけて免疫療法で処置した 52 頭が試験的に
野外へ放たれた。追跡調査の結果、ほとんどの個体で DFTD 細胞への免疫応答

が維持されていた。まだ、実用化には至っていないが、この方法がうまくいけば、感染個体を除去しないでも野生復帰を始められるかもしれない。

現段階では、絶滅へのカウントダウンが始まったデビルを救うための野生動物専門家たちによる苦闘は当分終わりそうにはない。しかし、少なくとも私が出会った専門家たちはだれ一人としてあきらめてはいなかった。そのことに勇気づけられ、またデビルの未来に光明を見る思いがした。


## 4.3 野生動物感染症

これまで紹介してきたように、少なからぬ野生動物たちは、化学物質の汚染や個体数の減少によって免疫系に異常をきたし、そこへ病原体などが感染することで、さらに健康への悪影響に拍車がかかるといった負のスパイラルに陥っている。

一方で、今世紀に入ると高病原性鳥インフルエンザに代表されるヒトと動物の共通感染症が世界的な規模で感染爆発する予兆をきっかけに、ヒトも家畜も野生動物も一体的に健康を維持するための対策が必要だという認識が広まってきた。この考え方をワンヘルスと呼び、医学、獣医学、生態学を融合させた保全医学という統合的な学問分野も提唱されている。

しかし、実際にはヒトの健康安全保障が最優先されるので、たとえば希少動物への感染症対策といった視点はいまだに影が薄い。ここでは、わが国で問題となっている希少動物の感染症問題を紹介しよう。

### (1) ツシマヤマネコがエイズ感染

1996年にツシマヤマネコでFIV（ネコ免疫不全症候群ウイルス）陽性の個体が発見された。FIVは、いわゆるネコのエイズウイルスであり、これに感染したイエネコでは発症すると、末期の場合、数カ月で死亡することが多い。このウイルスがイエネコ由来であるとのちに判明したが、イエネコのFIVが野生ネコ科動物に感染したのは、今でも世界で唯一の事例である。

ツシマヤマネコは、ユーラシア大陸に生息するベンガルヤマネコの亜種に分類され、沖縄の西表島に生息するイリオモテヤマネコとは、別亜種の関係にある。朝鮮半島に生息するアムールヤマネコとは同じ亜種に属するが、少なくと

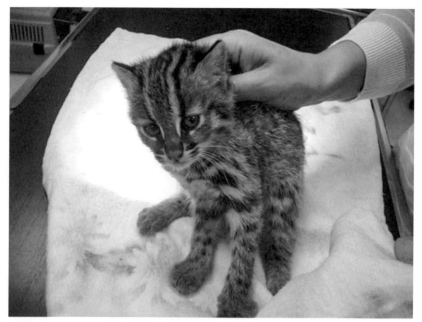

図 4-8 母親が交通事故死したため、みなしごになったツシマヤマネコ

も1万年以上にわたって対馬島に隔離され、独自の進化を遂げたものがツシマヤマネコ（以下、ヤマネコ）である。

　このヤマネコは、わが国でもっとも絶滅のおそれが高い哺乳類として、1993年から種の保存法によって国内希少動植物種に指定され、積極的な保護対策事業が実施されてきた。その絶滅危惧種に、致死率がきわめて高いFIVが感染したという報告に、関係者は大きな衝撃を受けた。

　しかし、その後も具体的な対策がなされないまま、2000年には2頭目のFIV陽性個体が発見された。このころ、環境省が発見地域周辺でノラネコを対象とした調査を行ったところ、FIV陽性率が28％にものぼっていることがわかった。このデータは、すでに対馬のイエネコにはFIVが蔓延していることを警告していた。

　この状況に危機感を募らせた獣医師たちは行動を起こした。このまま次々とFIVがヤマネコに感染して、万が一絶滅という最悪の事態になったとしたら、家庭動物の医療に携わってきた獣医師の信頼に関わることでもある。ただ、対

馬で開業している動物病院は、当時、1軒もなかった。

そこで、九州沖縄地区の獣医師会が構成する九州地区獣医師会連合会（以下、九獣連）では、ヤマネコ保護協議会を設立し、ヤマネコが生息する対馬と西表島に動物医療団を定期的に派遣する事業に乗り出したのだ。いずれの島も家庭動物を専門に診療する病院はなかったので、約4000名の会員全員が年間1000円ずつ基金を拠出することで、両島の飼い猫にワクチンを接種し、さらに個体登録や不妊化処置などの適正飼育普及活動を開始した。

これまでにも獣医師会によるボランティア診療などの活動は各地で行われていたが、これほどの規模で、しかも希少野生動物の保護を目的とした活動はあまり例がなく、画期的なことであった。

しかし、その後も2002年に第3症例が発見され、さらにはヤマネコの交通事故が多発するなど、対馬での日常的な動物医療の提供が求められるようになった。なにか方策はないものか。考えている余裕はなかったので、私はヤンバルクイナを保護するために沖縄でイエネコ対策に取り組んでいた長嶺隆獣医師に声をかけ、まずは彼に対馬の現状を見てもらうことにした。

2日ほどヤマネコの生息地や保護施設などを回り、また夜には地元の関係者たちと飲みながらの議論となった。すると最後の晩に彼から驚きの発言が飛び出してきた。

「そうだ、動物病院をつくろう」

当然、地元の方々からは大歓迎で、酒席は大いに盛り上がった。もっとも、あくまでも酒の上の話で、だれも本気だとは思わなかった。

ところが、対馬から戻って数日したころ、長嶺さんから突然の電話が入った。

「もう一度、対馬にご一緒できませんか」

理由を尋ねると、動物病院の物件探しに行きたいのだという。今度は素面での話であるし、今さら「本気ですか」と聞くのもはばかられ、「ご一緒します」と思わず答えてしまった。

地元では、役場も含めて多くの関係者が協力を申し出てくださり、あっという間に病院の開設準備ができた。ただ、いくらなんでも彼一人の責任にするわけにはいかないので、九獣連のけん引役であった杉谷篤志先生（当時、福岡市獣医師会長）に代表をお願いして、「どうぶつたちの病院」という民間団体を結成した。2004年のことである。

図 4-9　NPO 法人どうぶつたちの病院・対馬動物医療センター（開院時）

　ただし、大きな問題がもうひとつあった。だれがこの病院に常駐するのかということだった。本来なら、真っ先に決めておかなければならないのだろうが、みんなが脊髄反射のように走り出してしまったので、開院が決まっても、まだ獣医師が見つかっていなかったのである。

　困っていた矢先、ある私の講演会の会場で運命的な再会があった。その山本英恵獣医師は、獣医学部1年生のころ、クマの研究がやりたいと訪ねてきた強者だった。就職していたのかと思いきや、野生動物に関わる仕事を探しているところだという。それならば、ぜひ対馬に、と聞くや否や「行きます」と気持ちのよい返事で、即採用となった。

　無茶苦茶な話だが、こうして、対馬に獣医師と動物看護師が常駐する初めての動物病院を開設することになったのである。これで、地域住民と日常的にコミュニケーションもできるし、交通事故等で救護されたヤマネコにも対応が可能となった。

　さらに、ヤマネコの保護を目的とした家庭動物の適正飼育方法や感染症対策

図 4-10 「ツシマヤマネコ保全計画づくり国際ワークショップ」の様子

を普及させるため、2005 年には、関係獣医師会、地元動物病院、対馬市、長崎県、環境省などの関係者によって「対馬地区ネコ適正飼養推進連絡協議会」が発足した。それでも、人手や資金を考えると、約 4 万人が暮らす対馬島全域での FIV 撲滅は不可能と思われた。これまでの経験から、ノラネコを含むイエネコは人口の 1–2 割と推測されるからだ。動物病院が 1 軒できたところで、多勢に無勢は否めなかった。

どうすればよいのか、対策に窮していたが、悩んでいる時間はなかった。そのとき、環境省対馬野生生物保護センターの村山晶獣医師（当時）が、野生動物の感染症リスク評価を専門にする国際的な対策チームの存在を知る。それは、CBSG（飼育下繁殖専門家グループ、現在は CPSG；保全計画専門家グループ）という組織にあった。この組織は、レッドリストを公表している IUCN（国際自然保護連合）の SSC（種の保存委員会）を構成している約 140 ある専門家グループのひとつである。

CBSG の本部は、米国ミネソタ州の州立動物園にあった。さっそく、環境省

の関係者や私たち民間団体のメンバーで訪ねてみることにした。後述するが、CBSG はもともと生息域外保全のための飼育下繁殖を専門にアドバイスするグループとして誕生し、動物園関係者を中心に世界で約 270 名（2018 年現在）が参加するプロ集団である。今では、野生復帰や生息域内を含めた保全計画の策定に対する支援活動を地球規模で展開している。

CBSG の専門スタッフや、感染症対策の専門家たちの協力を受けて、「ツシマヤマネコ保全計画づくり国際ワークショップ」を 2006 年 1 月に対馬で開催することになった。国内からもイエネコや野生動物の感染症対策に関わる専門家たちに集結してもらい、ヤマネコの感染症対策を練り上げたのである。

このワークショップの結果、イエネコからヤマネコに感染するおそれのあるすべての病原体のリスクを評価し、FIV の対策を最優先に行うべきであることが合意された。さらに、対馬島外を含めた FIV のあらゆる感染ルートを洗い出し、感染リスクが高い地域でイエネコからの感染を防止することがもっとも重要であることもわかった。

そこで、これまでのイエネコやヤマネコでの FIV 疫学調査結果から、FIV 感染リスクマップを作成し、感染リスクが高い地域を抽出することで、効率的かつ効果的なイエネコを対象とした感染症対策を実施することが提案されたのだ。

さっそく、FIV 感染リスクマップを作成してみた。すると、ヤマネコにとっての FIV 感染リスクはヤマネコが生息する地域によって大きく異なり、これまで発見された FIV 陽性ヤマネコ 3 頭すべてが高リスク地域で確認されていることが明らかとなった。

しかも、この高リスク地域で飼育されているイエネコは、たった 160 頭くらいと推定されたのだ。これなら確実に対策は可能である。このリスクマップをもとに、2006 年度以降の適正飼育普及活動は、協議会が中心となって高リスク地域を中心に展開されることとなった。

この集中的な対策の結果、飼い猫ですら一時は 20% 近くまで上がった FIV 陽性率は、現在数 % にまで低下した。そしてなによりも、この対策を開始して以降、ヤマネコでの FIV 陽性個体は 1 頭も発見されなくなったのだ。

これまでの対策は、飼い猫を中心に不妊化や適正飼育の普及活動によって、ヤマネコへの感染源であるノラネコを減らすというシナリオだった。このような方法でノラネコは減ったのだろうか。

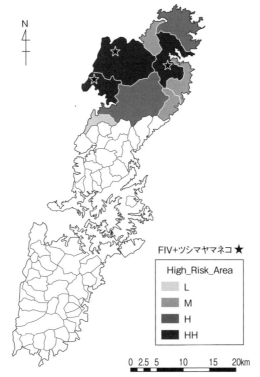

図4-11 ツシマヤマネコにおけるFIV感染リスクマップ（Hayama et al. 2010より作図）
濃い部分がもっとも感染リスクが高いと推定された地域

　ヤマネコの生息地には1990年代から森林内に環境省が設置している定点カメラがある。この定点カメラに写るノラネコの撮影率から、およその生息密度を類推すると、対策を強化して以降、ほとんどの定点で大幅に低下していることがわかった。したがって、対策強化後、現在までにFIV陽性ヤマネコが発見されていないのは、これまでの対策に一定の効果があったためと評価される。
　ただし、対馬で人間がイエネコを飼い続ける限り、これらの対策は未来永劫継続が必要であるということを忘れてはならない。

**(2)　高病原性鳥インフルエンザとツルの分散**

　2010年12月に、環境省から衝撃的な記者発表があった。国内最大のツルの

図 4-12 出水平野のツル越冬地

越冬地として知られる鹿児島県の出水平野で、ナベヅル 1 羽が高病原性鳥インフルエンザウイルス（H5N1 型）に感染して死亡したというのだ。

　ツル類は、かつて日本の広い範囲で見ることができた野鳥であった。しかし、生息環境の悪化や乱獲などがたたって、すでに昭和初期には絶滅寸前まで個体数は激減していた。出水では、大正時代から給餌などの保護活動が始まり、地域をあげてツルを守ろうとしてきた。

　1960 年代以降は、徐々に飛来数が増加し、ついに 1990 年代に入ると 1 万羽を超えた。ただ、これだけのツルが越冬すれば給餌だけでは足らず、周辺では農作物被害が問題視されるようになった。また、中国などにある越冬地の環境悪化などにより、世界の生息羽数のうちナベヅルは 8 割、マナヅルは 4 割が出水に集結して越冬している。だから、万が一ここで致死率の高い感染症が蔓延すれば、種の絶滅に直結するおそれがある。そこで、万羽鶴を守りつつ、出水平野以外に越冬地を分散させる取り組みが始まったのだ。

　しかし、分散計画は思うように進まないまま、2004 年に山口県の養鶏場で高

病原性鳥インフルエンザが発生してしまった。なにしろ、わが国で高病原性鳥インフルエンザが発生したのは、79年ぶりのことだった。すでに欧州などでは感染爆発が始まっていた。日本列島へは初冬から渡ってくるカモ類がウイルスを運ぶことがわかっている。ますます危機感が募っていった。

じつは、近年になって野鳥の感染症による大量死は世界的に多発しており、希少鳥類への影響が懸念されている。とくに、高病原性鳥インフルエンザウイルスについては、すでに世界各地でガン類、ツル類、猛禽類などの希少鳥類が感染して死亡が確認されている。たとえば、2005-2006年には中国の青海湖やモンゴルで希少種のインドガンが大量死した。死亡個体数は推定で約3000羽とされ、この地域に生息する野生個体群の約2割に達する。

さて、そして迎えた2010年10月、北海道大学の喜田宏教授の研究グループが稚内で採取したカモの糞から鳥インフルエンザウイルスの強毒株を分離した。このことは、この冬に日本列島で高病原性鳥インフルエンザが流行することを暗示していたのである。結果的に、出水のツルでも感染が確認される事態となってしまった。

最終的に、このシーズンでは全国の24農場で家禽に発生し、約185万羽が殺処分された。また、野鳥でもオオハクチョウやハヤブサなどが死亡し、発見場所は全国16県におよんだ。幸い、このときはナベヅル7羽で感染が確認されたものの、大量死は発生しなかった。しかし、鳥インフルエンザウイルスはつねに変異をしており、これからも安心できるという保証はない。

実際、高病原性鳥インフルエンザの発生は断続的に確認されている。2016-2017年のシーズンには、過去最高の22都道府県、218例の野鳥で確認され、この中にはツル類をはじめとする希少鳥類も含まれている。このときは、家禽での発生件数が12件と前回の大流行に比べ大幅に少なく、これは養鶏場などでの感染予防対策が進んだためと考えられている。ウイルスは、感染源と家禽を接触させない限り感染することはない。つまり、高病原性鳥インフルエンザは、家禽ではすでに予防可能な感染症となっているのだ。

一方で、野鳥での発生は予防することが困難である。しかも、中国や東南アジアでは家禽の飼育数が増加しつつあり、今後もウイルス変異の温床になるだろう。だからこそ、野鳥が集中して越冬するような状況はつくってはならないのである。

さらに、近年になって大きな懸念材料がひとつ追加された。それは、鉛汚染問題である。そもそも、鉛は猛毒で、一定濃度以上摂取すると中毒死する。しかし、低濃度の鉛曝露でも、免疫低下などの影響があり、感染症が蔓延すれば、大量死を招くおそれがあるのだ。実際、エジプトハゲワシやカリフォルニアコンドルなどの希少猛禽類で低濃度鉛曝露による免疫抑制などの影響が報告されるようになっている。

　わが国では、1990年代後半からオジロワシ等の猛禽類が、エゾシカ猟で大量に使用されている鉛銃弾を摂取して、鉛中毒を発症する事例が相次いで確認された。そのため、2000年から北海道全域で鉛銃弾の規制が開始されている。しかし、本州以南については、猛禽類などの中毒発症例は環境省の調査では1例しか確認されていないことから、水鳥の症例があった主要な水辺地域以外には鉛銃弾の規制はされていない。

　ところが、近年になって本州でもシカやイノシシの急増によって農作物被害問題が深刻となり、2013年に環境省と農林水産省は「抜本的な鳥獣捕獲強化対策」として、シカとイノシシを10年間で半減させると宣言した。その結果、シカとイノシシの捕獲数は合計年間約120万頭にのぼっているが、さらなる捕獲強化が必要と考えられている。当然、本州以南で使用される鉛銃弾は激増している。すでに環境省の調査では、救護された猛禽類の約1割から、低濃度の鉛が血液等で検出されている。

　今のところ、低濃度の鉛曝露で希少鳥類にどの程度のリスクがあるかは不明である。しかし、これまで述べてきたように、繰り返し起こる環境汚染や感染症流行が野生動物の健康へ与える影響は、ほとんど監視されてこなかった。希少動物の大量死は発生してからでは取り返しがつかなくなる可能性がある以上、予防が可能な仕組みをつくらなければならないのだ。

## (3) 野生動物の保健所

　野生動物感染症は、人や家畜動物と共通のものが多く、これらの病原体の感染動態は世界的な監視対象となっている。動物の感染症対策を国際的に監視するOIE（国際獣疫機関）は、野生動物感染症をリストアップして、各国政府に監視結果の報告を求めている。しかし、日本では野生動物の感染症対策について根拠法も監視体制もほとんど整備されてこなかった。

2010 年に宮崎県で発生した口蹄疫の教訓を受けて、翌年に家畜伝染病予防法が大幅に改正された。口蹄疫とは、ウシやブタなどの法定伝染病だが、シカやイノシシにも感染する。もし野生動物に感染が広がれば、このウイルスを自然界から根絶することは難しく、家畜だけではなく野生動物の感染予防対策も必要となるのである。今回の大幅な法改正によって、史上初めて、野生動物の感染症対策が位置づけられることになった。

改正法では、家畜への蔓延のおそれがあると判断された場合、農林水産大臣は環境大臣に対して野生動物の感染状況調査や捕獲などの対策を依頼できることになっている。しかし、そもそも環境省に獣医官を採用する制度はないし、現場の都道府県の野生動物部局にも獣医師などの専門職はほとんど配置がない。つまり、体制もないのに法律だけ改正されたということだ。

わが国では、もともと人の健康は厚生労働省、家畜の健康は農林水産省が所管する仕組みである。実際の感染症対策では、自治体が担うことになり、そのため人では保健所、家畜では家畜保健所が最前線で監視にあたることになる。一方で、新たな対象として野生動物の健康をだれが所管するのかということになり、結果的に環境省が担当することとなったわけだが、わが国に野生動物保健所なるものは存在しない。

しかも、一口に野生動物といっても、野生状態の動物と動物園などで飼育されている動物では、所管する法律も担当部局も異なる。野生動物は鳥獣保護管理法、動物園などの飼育動物は動物愛護管理法となっているのだ。いずれの法律も環境省が所管しているのだが、実際の現場である自治体の担当課は別々で、情報が共有されていないこともよくあるのが実態だ。

2017 年に発生した高病原性鳥インフルエンザの全国的な流行では、動物園の飼育個体にも感染が確認されてしまった。多くの動物園は、都市公園なので園内や隣接地に池などがあり、冬にはカモなどの野鳥も飛来する。このとき、園内で飼育されているアヒルなどの家禽類は、家畜保健所の職員が立ち入り、殺処分を行うことになる。ところが、飼育されている野生動物については、そのような規定から対象外となっており、動物愛護部局が担当する。一方で、池などにいる野鳥の対応は野生動物部局が対応することになるのだ。

このように同じ施設で発生した同じ感染症の対策に別々の部署の担当者が入り乱れるという構図は、ワンヘルスという言葉を空虚なものにしてしまい、ど

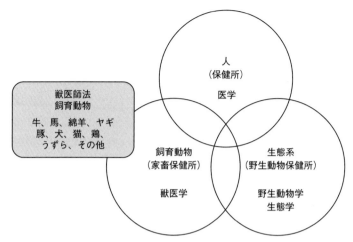

図4-13 ワンヘルスに関わる学問と対象動物、およびサーベイランス体制のイメージ

う考えてもおかしい。ほかの国ではどのように野生動物感染症対策を行っているのだろうか。

　感染症の脅威にさらされやすい大陸の国々では、狂犬病など致死率の高い病原体を野生動物が保有していることが多いため、野生動物感染症のサーベイランス体制を整備してきている。たとえば、米国では約1万人のスタッフを抱える国立野生動物健康センター（National Wildlife Health Center）という専門機関を設置して、狂犬病をはじめとする共通感染症や野生動物の疾病などを監視している。米国での狂犬病は、犬での発生がほとんどなくなった一方で、アライグマをはじめとした野生動物での発生や人への感染が続いている。異常行動を示す個体や不審死個体などの検死が重要な業務となっているのだ。

　基本的に、狂犬病は犬が人を噛むことで感染するため、日本では犬にワクチンを普及させ、発症した犬を殺処分することで、この病気は根絶できた。だから日本では、これまで積極的に狂犬病の検査をすることはなかった。ただし、この方法の前提は、かつてのように野生動物の生息密度がきわめて低いことである。実際、お隣の台湾では、2013年に狂犬病に感染しているイタチアナグマが発見された。日本とほぼ同じころから発生がなかったので、52年ぶりの発見となった。

　それでは、なぜ台湾で狂犬病ウイルスが再発見されたのだろうか。その理由

は、米国のサーベイランス体制を知った台湾の専門家が、国内の野生動物を調査し始めたからだ。じつは、その数年前から犬を対象としたサーベイランスを始めていたのだが、まったくウイルスが検出されないでいた。ところが、野生動物を調べ始めたところ、10年以上前には大陸から何者かによってウイルスが持ち込まれ、イタチアナグマという台湾の在来野生動物に感染が広がっていることが明らかとなった。

　このような状況になると、台湾からウイルスを根絶することは難しい。実際、この発見以降、台湾では毎年のように感染したイタチアナグマによる咬傷事例が報告されている。今のところ、嚙まれた人はすべて曝露後免疫等の処置を受けることができたため、死亡例は報告されていないのが救いである。

　さらに、韓国でもタヌキに狂犬病が感染して、徐々にウイルスの分布が拡大している。ソウル市内でも感染個体が確認されているので、韓国政府は米国でアライグマなどに使用されている経口ワクチンを試験的に散布し始めている。

　狂犬病は、発症したら100%助からず、世界中で毎年約5万人が死亡しているもっとも危険な共通感染症のひとつである。清浄国はきわめて少なく、アジアでは日本だけだ。当然、わが国でも積極的に野生動物を含めたサーベイランス体制が必要だろう。ましてや、日本では大都市圏のほとんどで媒介者のアライグマが増え続けているのである。

　オーストラリアでは、20世紀末から始まった高病原性鳥インフルエンザの世界流行をきっかけに、野生動物感染症のサーベイランス体制を構築しようとしたが、当時は日本と同じ家畜保健所くらいしか組織は存在しなかった。そこで、2002年に連邦政府がイニシアチブをとり、州政府や動物園などを巻き込んだ野生動物医学ネットワークを立ち上げた。この組織は、州ごとにコーディネータを任命して、地域の感染症発生状況を調査し、その情報を国レベルでデータベース化する活動を行ってきた。

　前述したタスマニアデビルの調査で私が渡豪した時点では、多くの州で大学や動物園の獣医師がコーディネータを務めていた。それでも、タスマニア州の家畜保健所は動物保健所に衣替えして、産業動物だけではなく、家庭動物から野生動物まで、あらゆる動物の疾病監視を始めていた。

　現在では、各州政府に野生動物を担当する獣医官が配置され、ネットワークもワイルドライフ・ヘルス・オーストラリアとして独立した政府認定機関に

なっている。構成メンバーは、連邦政府以外に州政府など40以上の関係機関と700名以上の野生動物医学の研究者や臨床獣医師などが参加している。オーストラリアでも連邦政府は縦割りだが、この組織へは環境省、厚生省、農林省の3省庁がバックアップしている。また、重要な資金調達については、政府機関だけではなく、大学や動物園なども出資をし、さらに一般市民にもサポーターとして参加を呼びかけている。

このような柔軟な組織を日本で設立できるかどうかはわからないが、いずれにしても行政機関がおよび腰ではなにも動かないのは事実である。まずは、先導的な自治体が野生動物保健所を設置するか、環境省の出先機関に野生動物感染症の監視センターを設置して、地道に情報や検査データの収集から始めてみてはどうだろうか。

もはや、野生動物感染症が人の生命や希少動物の絶滅に直結する時代である。いくら島国であるとはいえ、対岸の火事と高をくくっている場合ではない。

# 5 再生の世紀へ
## ——野生動物問題への挑戦

　20世紀は、人類史上最悪となる破壊の世紀だった。爆発的な人口増加と土地の改変、さらには人工化学物質による環境汚染。種の絶滅をエンドポイントとして、これらが与えた生命系への悪影響ははかりしれない。しかも、それまでだれも経験をしたことのない破壊の末に、どのような事態が待っているのかなにもわからないということが、最大の問題なのである。

　このようなことを繰り返し続ければ、人類も他人事ではなくなると悟ったのは世紀末だった。その後の新興感染症の世界流行などを受けて、ワンヘルス概念が普及するようになった。これは、ヒト、家畜、野生動物をはじめとした生態系のそれぞれの健全性を維持しない限り、だれの健康も保障されないという考え方である。

　だから、破壊し続けることを止めるのは当然であり、さらには生態系を再生してゆかなければならない。21世紀を再生の世紀に変えられるかどうかは、私たちの行動にかかっている。

　ここでは、私が永らく関わってきた野生動物問題と、再生に向けてどのように格闘してきたのかを紹介する。


## 5.1 絶滅を食い止める

### (1) オガサワラノネコ

　2005年の夏のある日、衝撃的な写真が小笠原から送られてきた。イエネコ（以下、ネコ）が生きたカツオドリの首をくわえているのだ。国立公園である母島の海鳥繁殖地に設置されたセンサーカメラに写っていたという。このあたりには、以前から野生化したネコが複数確認されているので、緊急対策として環境省が写っていた4頭のネコを箱罠で捕獲した。

捕獲されたネコの写真を見て、さらに衝撃を受けた。箱罠の中のネコは、怒りと恐怖で全身の毛が逆立ち、鬼の形相をしている。中で暴れたのだろうか、鼻からは出血していた。なにしろ、見回りに行った人が箱罠に近寄ったら、箱罠ごと1m近く飛んだという。およそ人に飼われていたとは思えず、まさに野生の動物である。

じつは、この繁殖地で海鳥がネコによって捕食されていることは、1990年代から研究者らによって明らかにされ、ネコ対策の必要性が指摘されてきた。ただ、相手がネコだけに、だれが対策を行うのかなど、あいまいなままに時が過ぎていたのである。しかし、小笠原では世界自然遺産登録申請を目前に控え、この事件をきっかけに、対策をしないという選択肢は消えたのだ。

捕食者であるネコ対策は、前述したマングースやキツネの対策と同様に、生態系からの排除しかない。その意味では、今回の捕獲作戦は正解だった。ただ、問題はこの後である。まず、捕獲したネコをどうするのか。

わが国の鳥獣保護管理法では、もとが飼育動物であったとしても、山野で自活的に生息している動物はすべて野生動物という解釈をしている。だから、そう考えれば捕獲されたネコたちは有害動物として殺処分することも可能である。一方で、野生化しているとはいえ、飼い主がいないと判断できない限り、むやみに殺処分するわけにもいかない。

さらに、小笠原で野生化しているネコがこの4頭だけではなく、父島を含めて相当数が生息しているらしい。当然、このネコたちの供給源は飼い猫である。すべての飼い猫が適切に飼育されているなら、野生化したネコなどいないはずだ。

しかも、小笠原は本土から船で24時間以上かかる離島である。わざわざ本土からネコを捨てにくる人はなく、島の中で問題を解決しなければならない。少なくとも、野生化したネコを殺し続けるだけでは問題の解決にはならないだろう。

いずれにしても、この難題を解くには時間がかかりそうだが、今は捕獲されてしまった4頭のネコたちをどうするのか、現場の関係者たちは東京都獣医師会に相談しようと考えたそうだ。そのときに送られてきたのが、あの衝撃的な写真であった。

当時、私は東京都獣医師会の野生動物対策委員長を務めていた。このころ、

獣医師会の公益事業として、どのような野生動物対策に取り組むべきか会長から諮問を受けたところだった。私たちの委員会では、本土での野生動物救護やワイルドライフマネジメントに貢献するだけではなく、世界自然遺産登録を目指している小笠原で、希少動物の保護活動を事業の大きな柱に据えるべき、という答申を出していた。小笠原も東京都内であり、ここの動物問題に地元獣医師会として社会貢献したいという考えだった。

　小笠原からの相談は、この答申を出した直後だったのである。さっそく委員会を招集し、この相談への対応を協議した。画像を見る限り捕獲されたネコたちは、手がつけられる状況ではない。しかし、委員たちからは意外な発言が次々と出た。

　「1頭なら、うちの病院で引き取るよ」

　私以外の委員は、全員都内で開業している動物病院長だった。あっという間に4頭の引き取り先が決まってしまった。ただ、引き取るといっても、この猛獣たちである。おそらく、病院の入院ケージに閉じ込めておくほかない。もしかしたら、死ぬまで触ることすらできないかもしれないのだ。本気なら、どうかしている。

　「本当に引き取るのですか」と私は念押しをした。

　すると、帰ってきた答えは、「仕方ないよ、世界遺産のためだもの」だった。

　この結果を小笠原に伝えると、さっそくネコを搬送するという返事だった。といっても、母島から東京竹芝桟橋までは船で丸一日の航海である。こんな猛獣を船に乗せるには、付き添いが必要だが、たまたま東京へ出張する林野庁職員がその役を買って出てくれた。

　竹芝桟橋に着いた船からは、現場で捕獲した箱罠ごと段ボールで梱包された箱が4つ積み出された。箱には「猛獣注意」と書いてあった。これを環境省の公用車に乗せて、都内4カ所の動物病院へ搬送した。

　問題はこれで終わったわけではない。小笠原の面積から類推すると、少なくとも数百頭のネコが野生化している可能性があった。都内には約700の動物病院があるとはいえ、すべての病院が協力してくれるはずはないだろう。なんとか、ネコを減らす方法を考えなければ、と頭を悩ます日々が続いた。

　それから3カ月ほど経ったころに委員会を招集したところ、ネコを引き取ってくれた病院から仰天の画像を見せられた。あの猛獣たちが、いずれもただの

飼い猫になっているではないか。どうしてこんな奇跡が起こったのか。

　各病院から事情を聴くと、小さなケージにネコを入れて、診察室や廊下など
に放置しただけだという。当然、ケージの中で「ギャーギャー」鳴き叫び、人
が前を通ろうものなら爪で攻撃してきたそうだ。しかし、動物病院にはたくさ
んの犬や猫たちがやってくるが、さわいでいるのはこのネコだけだ。病院のス
タッフたちはみな動物のプロなので、攻撃したところでひるむはずもない。1 カ
月もすると、猛獣もおとなしくなったという。こうして、4 頭すべてが 2-3 カ
月以内にふつうの飼い猫に戻ったのである。

　どうも私たちは誤解していたようだ。飼い猫は、もともと野生動物を人間が
家畜化してつくった人工の動物である。だから、野に放てば、もとの野生動物
に戻ってしまうのだと考えていた。しかし、動物のプロたちの手にかかれば、
野生化したとしても、もとの飼い猫に戻ることができるのだ。これは目からう
ろこが落ちる思いだった。

　このやり方なら、小笠原で野生化した数百頭のネコが捕獲されても、新しい
飼い主が見つけられるかもしれない。それには、まず小笠原で飼い主がいるネ
コと飼い主のいないネコを区別できるようにしなければならない。

　じつは、小笠原村では、東京都獣医師会の協力によって、わが国で初めての
ネコ個体登録条例を 1999 年に施行していた。しかし、当時は飼い猫に首輪を
して役場へ登録することになっていたのだが、首輪がはずれてしまえば、飼い
猫かどうかはわからなかった。そしてなによりも、登録された台帳がリアルタ
イムで更新されてゆかなければ、動物の個体管理は数年で破綻してしまう。つ
まり、確実な個体識別とリアルタイムに台帳が管理できるシステムが必要なの
である。

　そこで、沖縄ヤンバルの 3 村で 2005 年から始まったマイクロチップによる
個体登録制度を小笠原スタイルで導入しようと考えた。マイクロチップとは、
太さ約 2 mm 弱、長さ約 11 mm の形状で、中の電子回路に 15 桁の個体番号が
記録されている。この個体番号は世界で唯一のものなので、これを登録して皮
下注射しておけば、世界中どこへ行っても飼い主がわかるという仕組みである。

　しかし、問題はだれがマイクロチップを皮下注射するのかだ。住民の大半が
暮らす父島には動物病院がない。ましてや小笠原のネコでは年 3 回も繁殖が可
能なので、不妊化手術をしなければ、ネコは増え続けてしまう。

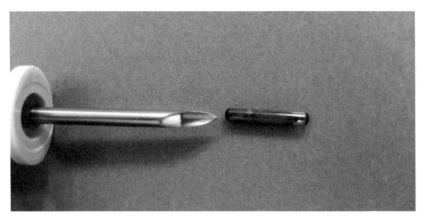

図5-1　マイクロチップ（左の注射針の中から押し出した状態）

　希少動物が暮らす地域の多くは、人口が少ない過疎地や離島である。当然、人への医療だけではなく、動物への医療も届きにくい。しかし、希少動物を守るためには、希少動物だけではなく、飼育動物へも動物医療を提供しなければならないと、これまでの経験で気づかされていた。
　だからといって、私たちが勝手に押しかけて行っても、地域に暮らす住民が動物医療を必要だと思ってくれなければ、成果が出せるはずがない。
　とにかく、これまでの経過や私たちの考えを住民へ伝える場を持ちたい。そう考えていたところ、小笠原で「しまねこ懇談会」を開こうという企画がまとまり、獣医師会から第1陣の派遣団を送ることになった。

### (2)　小笠原動物医療派遣団

　「しまねこ懇談会」は盛会だった。とくに母島では、島民約400名のうち100名近くが参加するビッグイベントとなった。住民にとってもネコ問題は一大関心事であったのだ。ただ、現場を案内されて一番感じたことは、小笠原の希少動物への影響が想像以上に深刻であり、一刻の猶予もないということだった。
　とりわけ地上繁殖性のアカガシラカラスバトは、ネコによる捕食の影響が深刻で、推定個体数がわずか40羽となっていた。まさに絶滅寸前で、島に暮らす高齢の住民でさえ、一度も目にしたことのない幻の鳥と考えられていた。

図5-2　アカガシラカラスバト（提供：NPO法人小笠原自然文化研究所）

　この鳥を回復させるには、ネコだけではなく、生息環境の改善や動物園などでの生息域外保全、あるいは観光客を含めた認知度を上げる取り組みなど、多様な対策が必要であるはずだ。しかし、保全に関わる関係者は、村や民間団体だけではなく、東京都、都立動物園、環境省、林野庁など多岐にわたり、統合的な対策を進める具体的な行動計画は存在していなかった。

　そもそも、わが国では絶滅危惧種の保護に関わる法制度や体制の整備が遅れている。種の保存法で国内希少動植物種に指定された絶滅危惧種のうち、対策が必要な種では保護増殖事業計画が策定される。ただ、わが国に生息する絶滅危惧種の鳥類97種のうち、国内希少動植物種に指定されているのは39種だけで、このうち保護増殖事業計画が策定されているのは15種に限られる（2018年現在）。

　しかもその内容は、ほとんどがA4版3-4ページ程度に関係省庁が合意した「方針」レベルの事項が記載されているだけだ。アカガシラカラスバトの場合も同様で、およそ行動計画と呼べるものではなかった。もちろん、野生化したネ

コ対策の必要性は書かれてはいるが、だれがどのようにやるのかは書かれていない。これでは対策が進むはずはないのである。

そこに小笠原から対馬で開催したヤマネコ国際ワークショップと同様のものを開催したいと、提案をいただいた。対馬では通訳として参加してくださった堀越和夫氏が中心となって運営したいとの申し出だ。彼は地元のNPO法人である小笠原自然文化研究所の理事長を務めている。多様な関係者による対策が必要なアカガシラカラスバトの場合、ヤマネコと同じような保全のための行動計画づくりはきわめて有効と考えたそうだ。

さっそくCBSG本部に相談したところ、2008年1月に国際ワークショップを開催することが決まった。このときは、本部からの専門家だけではなく、保全遺伝学の世界的権威であるジョナサン・バルー博士（米国・メリーランド大学）も協力してくれることになった。バルー博士は、ワシントンDCにある国立動物園の飼育下個体群管理責任者も務めていて、絶滅危惧種の遺伝的多様性を維持しつつ個体群を管理するエキスパートという頼もしい人物だ。

CBSGのワークショップでは、対象となる絶滅危惧種への人為的な影響を評価するために、種の生態や遺伝的特性などのデータを使って個体群動態モデルを作成し、PVA（Population Viability Analysis；個体群存続可能性分析）を行う。教科書的な従来のPVAは、対象種のおもな絶滅原因の推定や絶滅確率の予測に利用されるのが一般的だ。正確なデータさえあれば、絶滅確率を高い精度で推定できるからだ。しかし、現実には個体数がすでに少なくなっている絶滅危惧種の場合では、PVAに必要とされる人口統計的データ等の正確な情報の入手は非常に難しい。

そこで、このワークショップでは、入手可能なデータの質と量に従って、データ不足による不確実性へ対応することにしている。たとえば、情報がきわめて少ない場合には、近縁種のデータ等も活用しながら、保全対策が個体群動態に与える影響や効果の感度分析を行う。この結果から個体群の存続可能性を定量的に評価し、保全のための具体的な対策を関係者で合意しながら決めてゆくのだ。この複雑な作業をだれにでもわかるように、結果を視覚的に示すことができるパソコンソフトが利用され、バルー博士はその開発者の一人でもある。

このようなプロセスで行われるワークショップでは、対象種に関わる当事者たちが自覚を持って合意形成することができる。おそらく、この手法によって、

生物学の専門家以外の人々が、絶滅危惧種の生態と「現実の」問題とを関連づけることができるからだろう。

専門家の中には、素人と一緒に時間をかけることにいらだち、「こんなめんどうな過程を踏まなくとも、自分たちだけで行動計画はつくれる」と発言する人もいる。しかし、こうした手順を踏まずに、しかも専門家だけでつくられた行動計画では、往々にして見落としがある。また、関係者の合意が得られないままに作成されがちであることから、逆に実現可能性が低いものとなってしまうのだ。

一般的に、わが国の行政による行動計画は、関係者や専門家を集めて1回に2–3時間程度の会議を年に数回開催して策定される。一方で、このワークショップは通常2–3日間も参加者を缶詰にする。そのため、これほど長時間にわたって拘束される経験がほとんどの参加者にないことも、拒否反応の一因かもしれない。しかし、このワークショップのプロセスは、人間の心理学的な研究成果を背景として、合意に向けた生産的な議論を生み出すために必要なタイムラインで構成されている。

つまり、細切れの会議を繰り返すよりも、数年に一度でよいから数日間連続した時間を共有するほうが、効果的な行動計画が生まれ、その後も同じ目的意識を維持しながら保全活動にあたることができるのである。

たとえば、このワークショップでは、参加者が2晩以上の時間を共有する。この共有する時間の長さが、人間の意思決定において普遍的な意味を持っているのである。じつは、「一晩寝て頭を冷やす」や「同じ釜の飯を食う」という格言は世界共通なのだ。

こうしたワークショップで効果的な行動計画をつくるには、進行役となるファシリテータの存在が重要である。ファシリテータは、参加者全員が快適に発言しやすい雰囲気づくりを行い、また特定の意見だけが採用されることがないように配慮をするのが役目だ。当然、ファシリテータは、生物学や保全に関わる知識にとどまらず、人心を掌握する技術も持ち合わせている必要がある。私たちがCBSGからワークショップ専門のファシリテータを派遣してもらった理由は、わが国のこの分野で適当な専門家が見当たらなかったからだ。

さて、国外や島外から20名以上の専門家が駆けつけてくれ、いよいよ小笠原でワークショップが始まった。島の人たちは本当に参加してくれるのか、と

いう心配はまったくの杞憂に終わった。通常、このようなワークショップでは、参加者が多くても50人程度であり、むしろそのくらいの人数がもっとも効率的に議論できるとされている。ところが、小笠原では120名を超える参加者で会場が埋まった。

　もちろん、一度のワークショップで、テーマに関係する地域住民のすべてが参加できるわけではない。しかも、ここで提案される行動計画自体は、民間主催の形式をとっているため、行政機関に対しては強制力のない提言にすぎない。しかし、ワークショップの対象とした絶滅危惧種に関わる専門家や関係者の大半が参加して策定された行動計画であるため、ほとんどの行政機関は無視することはできなくなるのが通例である。

　一方で、提言された行動計画は最善の対策を記述しているが、それをすべて行政として実現できるわけではない。しかし、行政主導ではけっして書くことができない理想論の内容が提言されるので、その後の政策決定に大きな影響を与える可能性もある。このことが、ワークショップを民間主導で進める大きな利点であると考えられる。

　小笠原のワークショップでは、10を超える優先順位の高い行動計画が提案された。いずれもすぐにでもとりかかるべき提案だ。しかし、人的にも予算的にもすべてを一度にこなすことは不可能に思えた。そこで、最終的にこれらの優先順位を投票で決めることになった。

　一人5票。それぞれの提案が書かれたパネルに投票用の封筒を張りつけ、参加者全員が投票した。重要と思う提案に1票ずつ投票してもよいし、最重要のものに5票すべてを投じてもかまわない。

　開票の結果、断トツの1位でネコの対策に票が集まった。私たちにとっては予想通りだが、大事なことはみんなで決めたという事実である。

　この結果を受けて、ついにすべての飼い猫をマイクロチップで登録するために、獣医師会から動物医療団の派遣が決まった。最初の2年間は、小笠原自然文化研究所が自然保護助成基金を得てくださった。それ以降は、ワークショップを契機に発足した島の「飼い主の会」が村に強く要望したこともあって、村が事業費を予算化してくれることになった。

　予算はなんとかなったといっても、手術までしなければならないのであるから、準備もたいへんである。島の公民館などをお借りして、仮設の動物病院を

設営することになった。

会議机にゴム板を張って手術台を手づくりしてくれた東京都小笠原支庁の職員さん。クーラーのない施設で部屋の温度を下げるために、漁協の冷凍庫から氷柱を担いで運んでくれた NPO のみなさん。検査機械や麻酔器などを無償で貸してくださった企業のみなさん。派遣団の動物医療支援活動は、たくさんの関係者や地元の方々に支えられて実現した。

この派遣診療は 2008 年から始まり、2012 年度までに島内で飼育されるネコのマイクロチップ登録率は約 66%、不妊化率はほぼ 100% を達成した。マイクロチップの登録率が低いのは、数名いる多頭飼いの飼い主が、マイクロチップを皮下注射することに抵抗感があったためである。しかし、すべての飼い猫が個体識別されているので、実質的には登録率も 100% といえる。

動物医療団の派遣時にあわせて、島民との懇談会や、飼い主を対象とした適正飼育方法の講習会、小学校での出前講義などの普及活動も実施した。そして、村の条例にもとづいて「飼い主の会」が結成され、飼い主は全員が参加して適正飼育を進める活動が始まった。

これらの動物医療支援活動の進捗とともに、野生化したネコの捕獲事業が環境省によって進められた。マイクロチップが入っていなければ飼い主のいないネコである。この野生化したネコたちは、すべて東京の動物病院へ送られ、飼い猫に変身するのだ。ただし、週に 1 便しか船がこないので、船に乗るまでネコたちをどこかで収容しておかなければならない。そこで、地元の NPO が「ネコの待合所」をつくることになった。

捕獲事業は現在も進み、すでに父島では数頭を残すのみと推定されている。また、2012 年度から母島でも本格的な捕獲事業が開始されている。小笠原では、これまでに約 800 頭の飼い主のいないネコが捕獲された。そして、その多くが都内 150 以上の協力会員病院へ搬送され、馴化および新たな飼い主への譲渡が行われているのである。

## (3) アカガシラカラスバトの復活

野生化したネコの捕獲事業が本格化すると、目に見えて島の鳥たちに変化が出てきた。ネコの捕獲開始まで、10 年間巣立ちが確認されなかったオナガミズナギドリが 2006 年に 1 羽の巣立ちに成功し、2011 年には 10 羽が巣立てるよ

うになった。もっとも絶滅が危惧されていたアカガシラカラスバトの目撃数は、2011年ごろから顕著に増加した。このような絶滅危惧種が回復する様子を見れば、野生化したネコ対策が島嶼生態系においてはきわめて重要であることが明らかとなった。

こうした取り組みも評価され、2011年に小笠原諸島は世界自然遺産に登録された。これを記念するシンポジウムを、同年2月に東京大学農学部で東京都獣医師会が主催した。当日は、参加者数270名余と会場はほぼ満席の状態で、この問題への注目度に驚かされた。

基調講演をお願いした独立行政法人森林総合研究所の川上和人さんは、生態学の立場から、「捕食者なき世界に人間が持ち込んだ陸生哺乳類のうち、すべての海鳥に影響を与えうるのはネコである」と指摘され、多くの聴衆が開眼させられたという印象だった。

また、NPO法人小笠原自然文化研究所の鈴木創さんから出た「ネコが食べているのは、鳥だけではなく、海洋島の生命の環なのだ」という言葉は、この問題の重さをみごとにいいあてていた。これを受けて、東京都獣医師会小笠原動物医療派遣団の高橋恒彦団長（新宿動物病院長）が、これまでの獣医師会の活動を報告された。その中にあった「島に届けたのは、獣医師や医薬品ではなく、医療」、「医療を届ける目的は、適正飼育の推進」とは、まさに至言だった。

その後のパネル討論では、「小笠原スタイルの殺さないネコ対策は普遍性を持てるか」という点にフロアからも意見が集中し、白熱の議論となった。この議論で気づかされたのは、この活動は、野生化したネコをゼロにする対策ではなく、適正飼育の対策を優先してきたからこのスタイルに行き着いた、ということだった。川上さんが「ネコは人と暮らす動物です。だから、ネコを変えるのではなく人の生活を変えないと問題の解決はない」と述べられていたが、小笠原スタイルというのは、それを実現させるための無謀ともいえる挑戦だったのかもしれない。

じつは、小笠原が世界自然遺産に登録された2011年は、フランスのリヨンに世界初の獣医学校ができて250周年にあたり、世界獣医学年という記念すべき年だった。この長い歴史の中で、いずれの先進国でも数万人規模の動物医療者集団が育成されてきた。しかし、動物医療の届かない地域は数多くあり、そうした地域でネコなど飼育動物由来の外来動物問題が発生している。たとえば、

IUCN（国際自然保護連合）が公表している「世界の侵略的外来種ワースト100データベース」によると、ネコだけでも世界63の国と地域で希少動物の絶滅につながる問題が発生している。動物医療者はこの問題を解決する責務があるはずだが、まだまだ努力は足りていない。

さて、一時は40羽まで激減したアカガシラカラスバトだが、最新のデータによると個体数が400羽程度まで回復したようだ。しかし、未来にわたって世界自然遺産を確実に保全してゆくためにも、継続的な動物医療支援活動は欠かせない。小笠原に人間が暮らす限り、人は動物を飼い続けるからだ。

当然、通常の動物医療を提供するだけではなく、希少動物の救護や感染症対策などにも対応できる動物医療施設が必要だ。しかし、人口2500人の島で一般の動物病院は経営できない。こうした課題を解決するには、飼育動物から野生動物までを対象とした公立動物病院の設置が望まれた。じつは、わが国にはこういった公立病院はひとつもなかったのである。

図 5-3　小笠原世界遺産センターに設置された動物対処室

第5章　再生の世紀へ　129

　2017 年、小笠原に世界遺産センターが環境省によって設置された。この中に、救護された希少動物だけではなく、飼育動物の診療もする「動物対処室」という立派な施設が開設されることになった。村をはじめとする関係機関で設立した「小笠原動物協議会」（正式名称：おがさわら人とペットと野生動物が共存する島づくり協議会）で雇用した獣医師を常駐させ、さまざまな動物医療を提供する、いわば日本初の公立動物病院が誕生したのである。そして 9 年間におよぶ動物医療派遣団の活動は終了し、小笠原は新たなステージに入っている。

　まだまだ小笠原の挑戦は終わっていないが、着実に「人とペットと野生動物が共存する島」へ向かっている。

## 5.2　希少動物を管理する

### (1)　えりもシールクラブの設立

　絶滅寸前となったゼニガタアザラシについて、1974 年には文化財保護審議会が国の天然記念物に指定するよう、文化庁長官へ答申をしている。ところが、このアザラシによる深刻な漁業被害への対策が見い出せず、以来、天然記念物指定は店晒しにされていた。

　当然のことだが、天然記念物に指定されるか否かにかかわらず、アザラシによる漁業被害は依然続いていた。私は、1985 年に東京の大学へ赴任し、アザラシの研究や保護活動に取り組み始めたが、研究費もままならない身には、あまりに北海道は遠かった。なかなか対策が進まない状況に悶々としながらも月日は流れていった。

　ところが、1990 年代に入ると、北海道えりも町では、被害を受けている漁業者、観光業者、主婦など多様な人々によって、アザラシと人間が共存共栄できる地域社会づくりを目指す活動が始まった。このころは、ゼニ研の OB たちや写真家などが現地に住み着き、地域に根づこうとしていた。ついに 1991 年には、地元の民間団体として「えりもシールクラブ」が設立されることになる。

　えりもシールクラブは、アザラシの生態や漁業被害の実態調査に始まり、子どもたちへの環境教育といった地元でのユニークな活動を展開し、アザラシと人間との共存共栄を目標としていた。こうした活動が評価されて、朝日新聞「海

の環境賞」などを受賞するなど、全国的にも注目されるようになった。

　しかし、ここに至るには、えりもの人々が乗り越えてきた苦難の歴史を語らないわけにはいかない。じつは、ゼニガタアザラシが絶滅寸前となっているにもかかわらず漁業被害が問題となっていたころ、この地域の沿岸では磯焼けによる漁獲量の減少に苦しんでいたのである。襟裳岬周辺は江戸時代からの森林の乱伐や過剰な放牧などによって「えりも砂漠」と呼ばれるような状況となっていた。

　こうした陸上の砂漠化は、海の砂漠化を引き起こす。これが「磯焼け」と呼ばれる現象だ。磯焼けが起こると、魚などが産卵できる海藻がなくなる。当然、漁業など成り立たなくなってしまうのだ。

　そこでえりもの人々は、もう一度陸と海の森を取り戻すために、国有林と一体となって植林に取り組み始めた。1953 年のことである。今でこそ、漁業者が植林をする活動は全国に広がっているが、えりもはその先駆けといえるだろう。

　しかし、襟裳岬は風速 10 m 以上の風の吹く日が、年間 260 日以上もある。まさに日本屈指の強風地帯なのである。砂漠化した浜に苗木を植えても、表土が吹き飛ばされて劣化した環境では、苗木は育たない。そこで、まず浜に打ち上げられた雑海藻を植林地に敷き詰め、それを苗床として草本類を繁茂させて緑化するという「えりも式緑化工法」が考案された。これによって、確実で、しかも安価な緑化ができるようになったのだ。

　1960 年代に入ると、ほぼ緑化が完成したので、順次、植林が始まった。初期には比較的劣悪な環境に強いクロマツが定着した。さらに、もともと自生していたカシワやグミなどの広葉樹を植樹する。最終的には鳥やリスたちが勝手に広葉樹の種子を散布して、いつしか自然の森が再生するという壮大な挑戦だった。

　緑化事業を始めた 1950 年代の漁獲量は年間 100 トンに満たなかったが、私たちがえりもでアザラシの調査を始めた 1980 年ごろには 1000 トンに迫るまでになっていた。しかし、アザラシによる漁業被害を許容できるほどではなかったのだ。

　その後、順調に植林面積が増加してゆき、1990 年代に入ると漁獲量は年間 2000 トンから 3000 トンに達するようになった。サケのふ化事業の拡大や定置網の充実に加え、半世紀近くの森を取り戻す取り組みの成果が、海を再生して、

第 5 章 再生の世紀へ 131

図 5-4 えりも緑化事業地の景観（上：1950 年ごろ；林野庁 HP、下：2018 年）

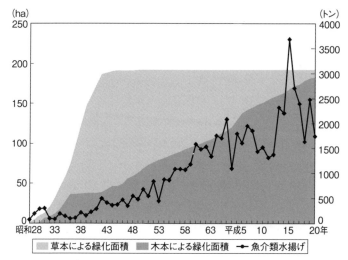

図5-5　えりも地域における緑化面積と魚介類水揚げ量の推移（北海道森林管理局日高南部森林管理署資料）

漁獲高の飛躍的増加につながったのである。もちろん、アザラシの個体数も倍増したが、それ以上に漁獲が増加することで、地域のアザラシに対する見方も徐々に変わってきたようだ。こうした背景がなければ、えりもシールクラブは生まれなかったかもしれない。

1997年には、襟裳岬に「風の館」という町営の教育・観光施設が設置された。ここではえりもの名物である強烈な風を体験できる装置や、地域の自然環境について学ぶ展示などがある。なによりも、岬に面した展望室では、岬から突き出した岩礁や太平洋のパノラマ的な景色を堪能できる。たくさんの望遠鏡が設置され、ガイドさんも常駐しているので、だれでもがアザラシを観察できるのだ。

これまで、幾度も強風に飛ばされそうになりながら、揺れる望遠鏡でかろうじて見えるアザラシをカウントしてきた学生たちには、夢のような場所となった。ようやく、アザラシが地域の動物として認知され、もしかしたら観光の目玉にもなるのでは、と期待させる施設であった。

2001年に、えりもシールクラブの設立10周年を記念して「ゼニガタアザラシと地域の将来を考えるフォーラム」が風の館で開催された。えりもシールク

ラブは、10 年の間にアザラシと人間との関わりについてわかりやすく解説した小冊子を出版して町の全戸に配布したり、アザラシの漁業被害の実態や被害防止対策の研究など、さまざまな地域に根ざした活動を行ってきた。

しかし、アザラシは徐々に個体数を回復させてはいるものの、いまだに環境省のレッドリストで絶滅危惧種のままだった。一方、漁業被害も相変わらずだが、その対策に国も北海道も乗り出そうという気配はない。それでも、現場ではアザラシと地域の将来を、地域の人たちが考える場を築いてきたのである。これは本当にすごいことだと思う。

ところで、このフォーラムの議論の中で、おもしろい一幕があった。ある漁師さんが、このアザラシたちは人間が利用できる魚を毎日数トンも食べているので、ある程度アザラシを間引くべきだと発言した。このころ、水産庁が商業捕鯨再開の根拠として、世界のクジラが人間の漁獲する量の 2-3 倍も魚を食べているので、クジラの間引きが必要だと大々的なキャンペーンを張っていた。クジラを地球規模で間引くことなど実行不能な馬鹿げた議論だが、この漁師さんの発言も、こうした宣伝を受けたものだろう。

この意見に対して私は反論した。

「魚が枯渇してきているのは、もとはといえば人間が乱獲したり、森林伐採などで生態系を撹乱したからだ。魚が豊富だった時代には、クジラもアザラシも、もっとたくさんいたではないか。今やるべきなのは、人間が魚を増やすように努力することだ。そうしたことを棚上げにして、アザラシやクジラの食い扶持を横取りしようなどと考えるとは、漁師として恥ずかしくないのか！」

少しいいすぎたかとは思うが、えりも砂漠と呼ばれた荒野に植林を続けて、自然とともに生きるとはどういうことかを身をもって示してくれたはずのえりもの人たちには、アザラシか人間かではなく、アザラシも人間も豊かに暮らせる道を選択してほしかったのだ。

もちろん、こんなことはよそ者の勝手な意見である。これでこの町へ私は出入禁止になるなと覚悟したとき、えりもシールクラブの漁師さんが唸った。

「うーん、くやしいけど反論できねえ」

それでこそ、えりもの漁師である。

そして、この翌年の 2002 年に国会へ鳥獣保護法改正案が提出された。改正の目玉のひとつは、この法律の対象種である「鳥獣」を「鳥類および哺乳類に

属する野生動物」と定義したことだ。これで晴れてアザラシもこの法律の対象となった。ゼニガタアザラシは絶滅危惧種なので、管理者は環境省である。

ゼニ研を立ち上げて20年。ようやくアザラシの社会認知を実現できた。これで少しは漁師さんたちへも顔向けができると安堵した。ただ、これですべてが終わったわけではなかった。

## (2) 漁獲の激減と被害の急増

ゼニガタアザラシが法律の対象種となったことを受けて、さっそく環境省は実態調査に乗り出した。地元北海道では、海獣類の若手研究者が次々と輩出されていたので、保全や漁業被害対策に必要なデータが得られることと期待された。私は、もはや出る幕などないので、そのころ取り組みが始まっていたコウノトリなどの絶滅種を野生復帰させるプロジェクトに関心を移していった。

ところが、実態調査が進む一方で、海の環境は徐々に変化し始め、再びアザラシと漁業者との軋轢を生むことになった。このころから主力産業であるサケ定置網漁業の漁獲が減少し始めたのである。原因は地球温暖化などの説が有力とされているが、日本だけではなくアジア諸国での漁業資源の需要が急増し、乱獲に歯止めがかかっていないことも指摘されていた。

当時は民主党政権下で、時の首相が北海道選出だったことも関係しているのかもしれないが、漁業団体による陳情の声は国会でも繰り返し取り上げられるようになった。環境省もこれまでアザラシの生態や被害の実態調査などは行ってきたものの、具体的な対策を実施するまでには至っていなかった。国会でもアザラシの間引き論が出るなどして、環境省もなんらかのアクションを示さなければならなかった。

ついに、2010年代に入ると漁獲は大幅に落ち込み、日本のサケ漁獲量は1980年代の水準にまで落ち込んでしまった。アザラシの個体数増加もやや頭打ちにはなったが、当然被害率はその分高くなり、一部の定置網では漁獲の10%を超える被害が出るようになった。リーマンショック（2008年）や東日本大震災（2011年）で、日本経済が大きな打撃を受けたことも背景にあるのかもしれないが、漁業者の間からアザラシを敵視する声が日増しに強くなっていた。

私自身はしばらく現場から離れていたし、国会ウォッチャーでもなかったので、こうした動きはほとんど知らなかった。かりに知っていたとしても、地元

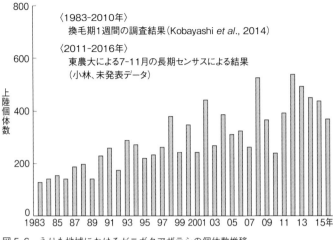

図5-6　えりも地域におけるゼニガタアザラシの個体数推移

に専門家がたくさんいるので、でしゃばって行くようなことはなかっただろう。ところが、いよいよ国会で収まりがつかなくなると、環境省から対策会議を立ち上げたいので座長を引き受けてほしいと打診がきた。

　いちおう事情はうかがったが、最初からお断りするつもりであった。しかし、間引きありきの結論が見えている会議に、ほかにだれも座長を引き受けようとはしなかったようだ。けっきょく、私も腹を括るかわりに、いくつか条件を飲んでもらって関わることになった。

　第1の条件は、関係する専門家を集めたワークショップで論点を明確にすることである。会議のための会議では意味がない。問題の解決には、これまでになにがわかっていて、なにがわからないのか、まずはそれらの情報の整理と問題関連図づくりが必要であると考えたのだ。

　問題関連図ができたことで、取り組むべき対策と必要な調査の優先順位が見えてきた。これらの内容を検討し、具体的な保護管理計画を策定するための委員会を環境省が設置したので、私は委員長として、あらゆる対策の選択肢は排除しないことを前提に議論をお願いした。

　この委員会の設置が公表されると、いよいよアザラシ捕殺か、などという論調が報道されるようになった。どこから情報を得たのか、IUCN（国際自然保護連合）に設置されているアザラシ専門家グループの委員長から、アザラシの保

全のためなら、あらゆるサポートをするという申し入れが私宛にメールで届いた。なにやら過剰とも思える反応に驚かされたが、こちらは粛々と対策の計画案を練り上げていった。

アザラシは確かに法律の対象種になったが、当時の鳥獣保護法では国が自ら法定計画を立てる制度はなかった。この法律では保護管理計画が必要な野生動物は都道府県が自治事務として対策を担う仕組みになっていた。そもそも、国の権限である絶滅危惧種に個体数調整などの手を加えるということ自体、もっての外であり、想定外だったのだ。

そのため、ゼニガタアザラシの保護管理計画は任意のものであるが、それでも規制行政が中心だった国の政策にあって、環境省自身が現場で野生動物対策を行う意思を示したという点で、画期的なものだったと思う。

委員会では、この計画の目標として、ゼニガタアザラシを絶滅させないための最低限維持すべき個体数を明らかにすることと、漁業被害軽減のためのあらゆる取り組みを行うことを明記した。これは、絶滅のリスクがない範囲なら捕殺を含む個体数調整も否定しないという立場を示すことになる。地元との意見調整もできたことから、この計画は実行に移されることで合意した。

この仕事を引き受けた 2012 年当時の私のメモには、これからやるべき項目のリストが書かれている。じつは、座長を引き受ける際に環境省へ提示していた条件がこれであった。


即実行
・環境省による検討会の設置
・すべての可能性を否定しない対策の実行
・環境省による保護管理計画の策定
・対策のための調査研究
中期的対策（5 年以内）
・法改正による法定計画の創設（予算確保に必須）
・合意形成と対策実行のための地元協議会設置
・順応的管理のための科学委員会設置
・現場に管理官常駐
・被害地域での直接所得保障制度

今、読み返してみると、無茶な提案だったと思うが、環境省をはじめとした関係者が相当ご苦労されたのだろう。その後、即実行の部分は、実際にほぼ実現できている。問題は中期的対策のほうだ。科学委員会や地元協議会は設置されることになったものの、法律の改正や管理官の常駐など、必要性は理解されたとしても、5年以内に実現できるなどとは私も考えていなかった。

ところが、この後に突然歯車が動き出す事件が起こった。

### (3) スコットランドの取り組み

環境省による史上初めての保護管理計画が固まりかけたころ、急に政権交代となった。2013年、新たな組閣によって自民党の石原伸晃衆議院議員が環境大臣に就任した。計画の最終案では、絶滅させるおそれのない年間40頭を上限に、ゼニガタアザラシの個体数調整を実施することが盛り込まれていた。これに対して、石原大臣は「被害が減るか確証がない。絶滅危惧種に指定した環境行政と矛盾する」とメディアの取材にコメントし、個体数調整に否定的な考えを明らかにした。これが法定計画ではないといっても、環境省として世に出す以上、大臣の考えは絶対である。最終的に、個体数調整は白紙撤回となった。当然、地元漁業者は猛反発した。

あらゆる対策の選択肢も排除しないという方針で臨んだが、私は石原大臣のこの判断を国として見識のあるものと評価している。科学委員会では、人間との軋轢を回避するためには、一時的な個体数調整もやむをえないと捕獲を決断した。しかし、そもそも絶滅危惧種は個体数が減っているから絶滅に瀕しているのであって、その個体数を調整することは避けるべきなのは正論である。

ただ、絶滅危惧種のためだから、経済的な損失を被害者にがまんしろというのは理不尽である。私は、国が捕獲をしないという決断を下したなら、被害者に対しての所得保障制度をつくるなどの別の対策を求めた。これに対し、国は野生動物による被害補償をしないという従来からの方針に抵触するとして、実現はできなかった。しかし、私が求めているのは被害補償ではなく、所得保障である。すでにEUでは条件不利地域の一次産業者へ一定水準の所得を保障し、その地域の生物多様性などを維持する制度をスタートさせていた。被害補償とはまったく異なる思想であるが、まだ日本での理解は進んでいなかった。

さて、この一連の騒動で、国会からはアザラシ管理の先進国で実情を調査す

るよう求められた。そこで急きょ、北海道地方環境事務所の所長と私がスコットランドへ派遣されることになったのである。

スコットランドには、ゼニガタアザラシとハイイロアザラシが生息している。ここのゼニガタアザラシは、1988年に始まったアザラシジステンパーウイルスの流行で個体数が回復せず、絶滅のおそれもあるのだが、相変わらずサケ漁業の害獣でもあった。ここでどのような管理が行われているのかを、スコットランド政府の担当官に現場を案内してもらうことになった。

スコットランド政府のアザラシ対策は、2009年に設置されたマリン・スコットランド（海洋保全と漁業を統括する部局）の野生動物対策チームが担当していた。マネージャーのイアン・ウォーカーさんから、まず私たちはスコットランドでのアザラシ対策の概要について説明を受けた。

とくに印象に残ったのは、対策にあたっては、漁業者団体やアザラシ保護団体、専門家などと、フォーラムやワークショップを毎年開催していることだった。彼はとても穏やかな紳士であり、こうした関係者との密なコミュニケーションをとるにはうってつけの人材で、このことが対策をスムーズに進めるカギとなっていると感じた。

チームのメンバーはほかに女性が3名いて、そのうち採用されたばかりという若いスタッフは東欧出身の獣医師だった。外国人であってもEU加盟国から公募で公務員を採用するのだという。とくに野生動物に関する専門的なキャリアはないが、アザラシの保全などに意欲的な人物だった。日本の公務員では、日本国籍がなければ受験すらできないことを考えると、広く有能な人材を確保しようという制度をすばらしいと感じた。

さて、イアンさんのレクチャーを受けた後、大学の専門家たちから、アザラシの個体群管理やモニタリング手法などの解説を受けた。スコットランドの自然保護地域として有名なモレー湾では、1990年代からサケの漁獲量が減少した一方で、同じ時期に狩猟などによってゼニガタアザラシも個体数を減らし、アザラシとサケ漁業の両立を進める必要性に迫られた。そこで関係者らの話し合いの結果、2004年に「モレー湾ゼニガタアザラシ保護管理計画」が策定された。

この計画は、その後設置されたマリン・スコットランドによって運用され、2010年からはアザラシの捕獲免許者登録制度がスタートした。合法的にアザラ

第 5 章　再生の世紀へ　139

図5-7　アザラシの戸籍台帳（スコットランド、アバディーン大学）

シを捕獲するには、政府の認定資格研修を受講して試験に合格しなければならない。これは、スコットランドですでに確立しているシカの商業捕獲免許制度を参考につくられたという。

　この認定資格研修のプログラムは、マリン・スコットランドから地元大学が委託を受けて開発し、遠隔地の在住者でも講義はe-ラーニングで受講できる。ただし、研修コースはのべ80時間にもおよび、野生動物管理の基礎から、捕獲の技術や倫理、安全管理など多岐にわたっている。しかも、射撃の実技テストも課せられていて、最終的には100 m 離れた4インチ（約10 cm）の標的を3回連続で命中させなければ合格できないのである。

　スコットランドのゼニガタアザラシも個体数がそれほど多くはなく、むやみに個体数を減らすわけにはいかない。それでも、なぜこれほどまでの射撃の腕が要求されるのかというと、じつはサケの定置網へ侵入して漁業被害を与える個体が一部の常習犯であることがわかっているからだ。

　つまり、漁業被害を減らすには、アザラシの個体数を調整するのではなく、

その常習犯を捕えなければならないというのだ。モレー湾では、地元のアバディーン大学の研究者たちが、水面に浮かんだアザラシの横顔を映像にとらえ、すべての個体を戸籍台帳のように登録していた。これを利用して、定置網に接近するアザラシを常習犯かどうか特定するのである。

スコットランドのサケ定置網漁業は、日本に比べて規模が小さい。しかし、過去1世紀にわたってアザラシ戦争とも呼ばれた乱獲による被害対策の歴史を教訓に、きめ細やかで科学的な対策を進める体制があった。行政の担当者たちも管理のエキスパートで、あまり人事異動もないという。かの国の実情がわかるにつれ、帰国後の対策に気が重くなったが、ここでもマネジメントは「人」次第で進むとわかり、このことに確信を持てるようになって少しほっとした。

## (4)　ゼニガタアザラシ管理計画

スコットランドの調査と時を同じくして、わが国では2014年5月に新たな鳥獣保護管理法が公布された。この改正では、それまでの捕獲規制を中心とした考え方から、積極的な個体群管理を意識したマネジメント法へ転換することになったのである。背景には、もはや制御不能となったシカやイノシシの爆発的な個体数増加があり、これらの個体群管理を従来の狩猟者に依存する対策から、民間を含めた専門技術者に委ねる仕組みを創設したところに眼目があった。

さらに、この改正では、特定の地域で著しく増加するなどして、個体数調整などの対策が必要となった希少鳥獣の管理計画制度も創設された。この結果、ゼニガタアザラシを対象とした管理計画を環境大臣が策定できるようになったのである。石原大臣が懸念されていたように、希少鳥獣を管理するという技術や体制は未知のものだが、まずは国が乗り出して着実に管理を進めることになったのだ。

じつは法改正後、絶滅確率の再評価が行われ、ゼニガタアザラシは環境省レッドリストで絶滅危惧種から準絶滅危惧種にダウンリストされた。これで法的には希少鳥獣ではなくなり、管理主体は国から北海道へ移管されることになる。しかし、そうとはいえ、ただちに個体数調整などを進めることは、再び絶滅危惧種へ逆戻りするおそれが高い。そこで、改正法では保護管理の手法が確立されるまでの間、希少鳥獣として環境大臣が計画を策定して管理することとなったのだ。

こうして 2016 年 3 月には、この改正法にもとづく「えりも地域ゼニガタア
ザラシ特定希少鳥獣管理計画」が策定され、2016 年度から実行されている。わ
が国で初めて、国による希少動物の管理がスタートすることになった。

　なにもかにもが手探りの状態でのスタートだったが、その後、前代未聞のこ
とが起こった。アザラシ管理官事務所とでも呼ぶべき環境省の自然保護官事務
所が、えりも町に開設されることになったのである。さらに、地元大学の研究
チームに対策技術を確立するための研究予算もついた。これで日本のサケ漁業
に適応した、新たな漁網の開発に見通しが出てきた。

　初代の「アザラシ管理官」は、入省 4 年目の蔵本洋介さんに白羽の矢が立っ
た。彼は東京農工大学で野生動物管理学を学び、環境省のレンジャーとなった
人物である。持ち前の人懐っこさと体力で、地元の漁師さんたちを対策の主役
へ巻き込んでいった。当初はなかなか成果が見えず、まわりから怒られるのが
仕事のようだったが、毎日一緒に漁船に乗り、網の改良に苦闘している姿に徐々
に協力者が増えていったそうだ。

　捕獲も初年度は失敗続きだったが、翌年から目標を達成できるようになった。
一部は水族館での普及用に譲渡されたが、原則すべての捕殺個体を解剖し、管
理のためのデータに活かしている。スコットランドのように専門の捕獲技術者
を養成するには時間がかかりそうだが、日本のゼニガタアザラシにも常習犯と
なる個体の存在が明らかとなった。

　管理計画がスタートして 3 年が経過した。レンジャーは 2 代目の平野淳さん
へ引き継がれ、徐々に環境省への信頼も回復してきたと感じる。対策はいまだ
試行錯誤の連続だが、漁業被害を減らしつつ常習犯を捕獲できる網の改良も順
調に進んでいる。しかし、これを被害地域全域に普及させるには、まだ時間と
仕組みが必要だろう。

　私が初めてアザラシとえりもで出会って 37 年。この間、人間と野生動物が
そこにすむ限り、野生動物問題を解消することはできないと思い知らされてき
た。しかし、解決できない問題はないと確信もできた。最大の問題は、人間が
本気で解決しようとするか否かである。

## 5.3 野生復帰

　野生動物を保全するうえでの最悪の事態は、種の絶滅である。だから、絶滅だけは絶対に回避しなければならないので、なるべく早い段階でその危険性を察知する必要がある。

　絶滅の危険性を評価する方法は古くから検討されていた。その先駆けとなったのは、レッドデータブックと呼ばれるシステムである。1966年にIUCN（国際自然保護連合）は、地球規模で絶滅危惧種の情報を集め、世界初のレッドデータブックを公表した。その後、何度かの改良を経て、現在の評価基準がかたちづくられた。とくに最近では、長期にわたる絶滅確率がコンピューターシミュレーションの発達によって推定され、これが重要な評価基準として採用されるようになった。

　これからは、こうした手法を駆使しながら、絶滅のおそれのある状態から一刻も早く個体数を回復させる対策に着手することが重要となる。場合によっては、個体数を回復させるために人間が育てた個体を野生復帰させる必要もある。このような事例は、わが国でもニホンコウノトリやトキで試みられており、徐々に取り組みは広がりを見せている。

　しかし、日本でその歩みが遅々としているのはなぜだろうか。種の絶滅を回避し、生態系の復元に欠かせなくなった野生復帰という自然再生の問題を考えてみよう。

### (1)　コウノトリとトキの野生復帰

　2005年9月に兵庫県豊岡市で、日本から消えたコウノトリが再び空に放たれた。コウノトリは、翼を広げると2mにもなる大型の鳥類だが、江戸時代には現在の東京をはじめ日本中に生息していた。しかし、明治期の乱獲やその後の生息地の破壊などによって激減し、1971年に豊岡市で最後の野生個体が死亡したため、わが国では絶滅してしまったのである。

　豊岡市では、1955年にコウノトリ保護協賛会が発足して以降、飼育下で生き残ったコウノトリの保護増殖に取り組み続けてきた。また、国内の動物園も協力し、1988年には多摩動物公園で、わが国で初めての飼育下繁殖に成功した。その後、飼育下のコウノトリの増加に伴い、野生復帰に向けた取り組みを本格

図5-8 ニホンコウノトリ

化させるため、1999年には兵庫県立コウノトリの郷公園が豊岡市に設置された。

郷公園では、飼育下でコウノトリを繁殖させて増やす一方で、野生復帰のためのさまざまな訓練を行ってきた。とくに鳥類は狭いケージで飼育されていると空を飛べなくなってしまっている。空を飛ぶためには、飛行訓練によって胸筋を発達させなければならない。こうした訓練の成績や健康状態の検査を受けて、選抜された5羽が第1陣として空に放たれたのである。

もちろん、ただコウノトリを放すだけでは彼らは生きてゆけない。コウノトリは水田や河川などで魚類や昆虫を食べるため、野生復帰にはこれらの環境整備が欠かせない。ここでは地域の農業者の参加を得て、環境保全型農業を推進してきたため、コウノトリの餌が豊富にあるのだ。

コウノトリのように、絶滅に瀕した野生動物を飼育下などで繁殖させ、絶滅してしまった地域へ野生復帰させることを再導入（reintroduction）という。欧米を中心として、海外では30年以上前から本格的に再導入に取り組んできた歴史があり、すでに200を超える取り組み事例がある。絶滅に瀕した野生動物

たちは、20世紀という未曾有の「破壊の世紀」の犠牲者であった。この反省の
もとで、21世紀を「再生の世紀」とするために、再導入は生態系の復元を進め
るものとして実行されてきたのだ。

　生態系を復元させるには、従来のような保護区をつくったり、規制をかけた
りするような保護政策だけでは無理である。その理由は、生態系を復元する取
り組みが農林水産業や公共事業など生活に直結する問題となるため、規制的手
法では地域住民の協力や理解が得られにくくなるからである。とくに人間生活
に害を与える可能性のある大型野生動物の再導入なら、なおさらのことだ。こ
れにはトップダウンだけではなく、ボトムアップの取り組みが欠かせない。か
つての有害鳥獣を野生に帰すという、新たな野生動物との向き合い方が模索さ
れている。

　コウノトリを放鳥する式典に先立って行われた国際シンポジウムで、中貝宗
治・豊岡市長はこう語った。

　「コウノトリは、彼らを愛する地域にだけすむことができる。コウノトリを育
むためには、豊かな自然環境だけではなく、文化も必要だからだ」

　もちろん、野生動物と共存するには、現世のご利益も重要である。つまり、
従来は絶滅危惧種を保護するというと、地域の経済活動に規制がかかるので共
存が難しいといわれてきた。そうであるなら、絶滅危惧種を保護すれば保護す
るほど地域経済が活性化するような仕組みがあれば、共存することは地域に受
け入れられやすいだろう。

　豊岡市から始まった「コウノトリ育む農法」による多様な農産物など、全国
各地で希少動物をはじめとした生物多様性ブランド農産物が生産・販売される
ようになった。こうした農産物に農林水産省が2010年から推奨している「生
きものマーク」を表示している事例は、全国で66にのぼる（2015年現在）。

## (2)　急増する野生復帰の取り組み

　このような絶滅種や絶滅危惧種を再び野生に戻す取り組みは、日本の大型野
生動物では、このコウノトリと2008年から始まったトキの2例に限られる。一
方、同様の取り組みは欧米を中心とする動物園などでは半世紀以上前から行わ
れてきた。

　一口に「野生復帰」というが、これは似て非なる行為の総称である。たとえ

ば、野生個体が傷つくなどして動物病院などに救護され、回復後に野生へ戻されることも野生復帰と呼ばれている。

コウノトリのように、絶滅した種を過去に生息していた地域に再び定着させるための野生復帰は、「再導入」と呼ばれる。また、野生個体が生息している地域への野生復帰は「補強」または「補充」と呼ばれ、再導入とは明確に区別されている。これは、飼育下繁殖によって得られた個体を野生復帰させて創出した個体群は人工的なものであり、野生個体群とは区別する必要があるからだ。一方、野生個体を捕獲し、生息地域外へ移動させて新たな個体群を創出する野生復帰を「保全的導入」と呼ぶ。

ただし、いずれの野生復帰も、絶滅種や絶滅危惧種を回復させるための手段である。ここでは、とくに区別する必要がない場合には総称としての「野生復帰」を用いることにする。

では、野生復帰はどのような場面で必要なのだろうか。IUCN（国際自然保護連合）による2018年版のレッドリストには、絶滅のおそれがある野生動物として、たとえば哺乳類で1219種、鳥類で1469種もが掲載されている。

これらの野生動物の絶滅を回避し、さらに回復させるためには、生息域における絶滅原因の除去が欠かせない。したがって、保護対象となる絶滅危惧種ごとに、その原因を特定して適切に対策を実施し、個体数を回復させることが必要となる。このように生息域で行う対策を生息域内保全という。本来であれば、この生息域内保全だけで種の回復は十分であるはずだ。

しかし、多くの野生動物では、すでに個体数が極端に減少し、あるいは環境汚染や感染症の蔓延などの理由によって、生息域で野生個体群が自立的に存続できない現実がある。こうした際には、緊急避難的に野生個体群の一部または全部を動物園などの管理下に置き、個体群の存続を図る必要がある。これらの取り組みを生息域外保全といい、生息域内保全を補完する重要な保全活動として位置づけられている。

実際、野生復帰の取り組みは1990年代から活発化し、その事例も急速に増加している。また、鳥類の野生復帰事例に関しては、米国シカゴにあるリンカーンパーク動物園がデータベースを構築しており、1900年から2012年までに行われた野生復帰事例である201種2359例が登録されている。これらを年代別に推移を見たところ、同様に1990年代以降に急増している。

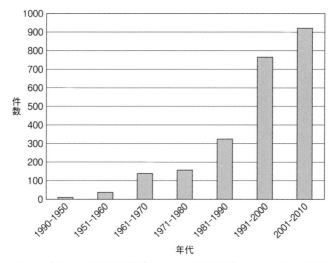

図5-9 鳥類における野生復帰プロジェクト数の推移（リンカーンパーク動物園のデータベースから作図）

　もちろん、野生復帰事例の急増は、近年になって野生復帰に関わる技術の発達や経験知の蓄積などが大きく影響していると考えられる。しかし、レッドリスト掲載種数から考えれば、対象種はまだまだ限定的であり、野生復帰事例は今後も増加するのは必至だろう。ただし、転換点となる1980-1990年代を境として、野生復帰への動物園の関わりが大きく変わっている。これは、とくに先進諸国における絶滅危惧種保護政策の発展と関係がありそうだ。

　野生動物の野生復帰は、1世紀近い歴史があるが、当初は欧米の動物園や篤志家などによる飼育施設での個別的な取り組みが中心であった。しかし、当時は学問的あるいは技術的な蓄積が少なく、また絶滅の回避のみに目が奪われていたため、地域固有の遺伝子集団を無視して野生復帰が行われていた。その結果、遺伝的攪乱が生じ、また本来の行動や生態を取り戻すことなく野良動物化してしまう事例もあったという。

　欧米の動物園によるネットワークで本格的な野生復帰に向けた取り組みが始まったのは、1960年代からとなる。アラビアオリックスやゴールデンライオンタマリンなどの事例が有名だ。アラビアオリックスは、その角や毛皮を目当てとした乱獲などにより生息数が激減したため、米国のフェニックス動物園で飼育下繁殖が1962年から始まった。その後、野生個体群は1972年に絶滅した

が、1980 年から飼育下繁殖個体による野生復帰が始まった。

　同様に、生息地の破壊やペット目的の乱獲などで絶滅に瀕したゴールデンラ
イオンタマリンは、1965 年に原産国であるブラジルのリオデジャネイロ動物園
で飼育下繁殖が開始された。その後、米国ワシントン DC にある国立動物園が
飼育個体の国際血統登録を呼びかけ、1973 年から世界的なスケールでの飼育下
個体群管理が行われるようになった。1981 年には、米国動物園水族館協会
（AZA）が進めている 種保全計画（SSP）の第 1 号として野生復帰計画が策定さ
れ、その後の動物園における生息域外保全のモデルになっている。

　生息地への野生復帰は 1984 年から開始され、2006 年には野生個体群として
約 1500 頭にまで回復した。現在では、ブラジル政府が主導するかたちで事業
が継承されたため、米国のワシントン DC にある国立動物園では、環境教育の
一環として市民ボランティアによる野生復帰訓練を園内で実施するなどの取り
組みを行っている。

　このような動物園主導の絶滅危惧種回復に向けた取り組みが進む一方で、米
国国内でも多くの絶滅危惧種の保全が課題となり、1973 年に制定された米国絶
滅危惧種法では、原則としてすべての絶滅危惧種に対する回復計画の策定と実
行を連邦政府に義務づけることとなった。この回復計画は、連邦政府が種ごと
に任命した専門家によって構成される回復チームが策定にあたり、科学的なデー
タとともに実務レベルの具体的な事業内容が予算を含めて記載されているもの
である。これまでに 1000 種を超える絶滅危惧種の回復計画が実行されている。

　この結果、絶滅危惧種に指定されたグアムクイナやクロアシイタチなどの飼
育下繁殖は、初期段階では動物園が中心となっていたが、連邦政府による専門
の飼育下繁殖や野生復帰訓練の施設整備と人材の確保などによって、現在では
野生復帰は連邦政府主導となっている。

　欧州でも事情は同様で、当初は動物園主導でカワウソやコウノトリなどの野
生復帰が進められたが、その後、1979 年に締結されたベルン条約（欧州野生生
物生息地保全条約）によって加盟国政府や欧州評議会主導で絶滅危惧種の再導
入が奨励されることとなった。

　1980 年代後半には、条約常設委員会に専門家グループが設置され、生物分類
群ごとの保全行動計画の策定や技術支援などが始まった。1990 年代に入ると、
大型野生動物の再導入事業が、自然再生事業として重要視されるようになり、

1997年には、動物種の再導入における行動計画策定ガイドラインが欧州評議会から示され、オオカミ、クマ、オオヤマネコ（リンクス）など10種の大型食肉目の絶滅危惧種について、再導入を含めた保全行動計画が実行されている。

当然、これらの事業には資金が必要となる。欧州評議会では、環境財務信託（LIFE）という機関で加盟国などが主導する生息域外保全プロジェクトを財政的に支援している。これまでに、80種以上を対象としたプロジェクトに出資しているという。

このように、野生復帰による絶滅危惧種の回復が、1980年前後に国家的、国際的な政策課題として位置づけられ、1990年代以降、各地で行政機関主導による事業化が急速に進んできた。一方で、ほぼ同じころに見世物主義の動物園に対する批判も本格化し、英国では動物園の営業免許制度を柱とした動物園免許法が1981年に施行された。その後、欧州では、欧州共同体における政策の共通化を背景として、1999年に欧州共同体動物園指令が発効した。

この動物園指令では、動物園に対し、動物の福祉に配慮した施設整備や飼育方法の充実だけではなく、生物多様性の保全への貢献や教育普及活動などについてもつねに変革と実行を求めている。指令発効後、何度か各国の履行状況の調査などが公表されてきたが、2015年には欧州評議会が動物園指令を実効性あるものとするために具体的な行動を推奨している。この中には、生物多様性保全と野生復帰の取り組みが明確に位置づけられ、これらが欧州の動物園における基本的な経営の柱のひとつとなった。

米国を含め、こうした転換の背景には、生物多様性条約を受けて世界動物園水族館協会（WAZA）が2005年に策定した「世界動物園保全戦略」も関わっている。この保全戦略では、動物園の社会的使命として、生息域外保全にとどまらず、生息地のコミュニティーと協働した生息域内保全にも積極的に取り組むことが宣言された。さらに現在では、「国連生物多様性の10年」（2011–2021年）への支援活動として、WAZAでは2014年から「Biodiversity is Us」というキャンペーンを世界規模で展開している。

これまで述べてきたように、欧米の動物園では国家的な政策の発展によって、現在の野生復帰事業は行政機関主導で実施され、そこに一部の動物園が協力するかたちで進められている。一方、動物園側では、生物多様性への貢献がその使命に位置づけられたことによって、野生復帰を含めた多様な保全活動を展開

第 5 章　再生の世紀へ　149

する必要が出てきたのである。

　日本の動物園でも、若干の時期的なずれはあるにせよ、コウノトリ、トキ、ツシマヤマネコなどをはじめとして、生息域外保全への取り組みには長い歴史がある。また、バリ島の絶滅危惧種であるカンムリシロムクの飼育下繁殖では、横浜市繁殖センターを中心に野生復帰事業へ参加するなど、発展途上国への支援活動も行われてきた。

　ただ、たとえばカワウソなど、本来であれば早期に生息域外保全を実施すべき種は少なからず日本にも存在しているため、今後ますます野生復帰に向けた取り組みが必要となるだろう。一方で、欧米の事例のような野生復帰事業の法的な位置づけが、日本では不明確なのである。そもそも、日本では動物園の根拠法すら整備されていないのが実情だ。当然のことながら、法的な位置づけがなければ予算を望むべくもなく、これまで見てきた欧米の歴史的経過から学ぶことは大きいと考えられる。

## (3)　失われた未来を取り戻す

　国際的には再導入の取り組みがさかんになる一方で、わが国における大型野生動物の再導入は豊岡でのコウノトリが初めてとなる。この後、2008 年に佐渡からトキが再導入されたが、多くの絶滅危惧種を抱えるわが国の状況から考えると、ずいぶんと事例が少ない。これはどうしたわけだろうか。

　いくつかの理由が考えられるが、第 1 に絶滅危惧種に対する保護制度の遅れがあげられる。そもそも、野生生物の絶滅はいくら科学が進んでも取り返しがつかないため、絶滅の回避や生息数の回復は自然保護政策の最優先課題である。しかし、わが国では 1993 年まで野生生物の絶滅を防ぐ法律すらなかった。しかも、この法律で保護対象となっているのはいまだに 259 種で、3600 種を超すわが国の絶滅危惧種のうちのわずか 7% にすぎない。そのうえ、対策計画である保護増殖事業計画が策定されているのは、指定種の 3 分の 1 足らずに限られる。

　一方、自然保護法の最高峰といわれる米国絶滅危惧種法が最初に制定されたのは、じつに 1966 年のことであり（現行法は 1973 年）、これまでに 1000 種を超す野生生物が回復事業の対象となっている。また、欧州では、1979 年に批准された「欧州野生生物生息地保全条約」（ベルン条約）により、締約国は絶滅危

惧種の保護と再導入を行ってきた。

　もうひとつの理由は、再導入に対する誤解や抵抗感があげられる。「たった1種のために巨額の費用をかけるのはおかしい」、「1種を保護するのではなく、生態系全体を保護すべきだ（あるいはそれが先だ）」といった意見はよく耳にするものだ。しかし、再導入とは、1種の絶滅危惧種を救うためだけに行うものではなく、生態系の復元を行うための手法であり、まさに自然再生事業のひとつなのである。

　逆に、シカが増えたからオオカミを放せ、という主張もときどき聞かれるが、再導入の目的が人間にとってのシカの被害対策であったら、それは的外れというべきだろう。もちろん、生態系の復元に頂点捕食者は欠かせない。お隣の韓国でも、オオカミ、オオヤマネコ、トラといった頂点捕食者を絶滅させたので、生態系を復元するために、この動物たちの再導入は将来の課題となっていた。しかし、すぐに着手しない理由は、朝鮮戦争に至るまでの森林破壊や南北分断などによって、まだ頂点捕食者が生息できる環境にはないからだ。ただし、その前段階として、韓国ではすでにキツネ、カワウソ、アジアクロクマの再導入が始まっている。

　もっとも、自然の再生に反対する人はほとんどいない。その一方で、自然再生とは人間が手を出さずに自然の営みに任せるべきという考えは根強い。だから、再導入には強い抵抗感があるのだろう。「ほかの生きものに影響が出たらどうするのか」という反論はよく耳にするセリフだ。

　生態系を復元するための再導入といえども、現段階でそこに生息していない動物を野生復帰するのだから、これは外来動物を導入するのと同じである。だから、ほかの生きものに影響が出ないはずはない。でも、頂点捕食者が不在の生態系を復元させたいなら、彼らを再導入することを通じてしか、失われた生態系を取り戻すことはできないのである。

　世界各地の再導入に取り組む専門家たちにインタビューすると、彼らは異口同音にその目的を「生態系の復元」だと語る。当然のことながら、失われた種の再導入を行うためには、さまざまな自然再生に取り組まなければならないからだ。しかも、その人間の行為の成否を評価できるのは、再導入された野生動物たちだけなのである。

　ところで、豊岡でコウノトリの野生復帰計画が着々と進むころ、私はツシマ

ヤマネコの保全にも取り組み始めていた。いちおう国の保護増殖事業計画では、ツシマヤマネコも再導入に向けて検討することにはなっていたが、福岡市動物園で飼育下繁殖を行う以上の取り組みはなかった。ただ、頂点捕食者である哺乳類の再導入について、アジアではほとんど事例がないため、今後の進め方すらわからない状態だったのである。

そこへ、2004年から絶滅危惧種であるイベリアリンクス（イベリアオオヤマネコ）の野生復帰事業がスペインで始まったと聞いて、さっそく現地に飛ぶことにした。

本種は、イベリア半島に生息する固有種で、1990年代に約800-1000頭が生息していた。しかし今世紀に入ると、乱獲や主要な餌であるウサギの減少などによって、約100頭にまで激減していた。当時のツシマヤマネコの推定生息数が100頭程度といわれていたので、その点でも状況は似ていると考えていた。

イベリアリンクスの飼育下繁殖は、欧州各地の動物園などで飼育されていた6個体をスペイン・アンダルシア州政府の繁殖施設に集めて開始されたが、基本的に動物園の関与はない。この理由として、本種の生息地がほとんど私有地であるため、政府機関が再導入の実施主体になる必要があり、また条約にもとづく政策的な事業であることなどがあげられていた。もっとも、この背景には米国と同様に、欧州における専門技術者の層の厚さや欧州評議会からの資金提供などがあるのだと考えられる。このプロジェクトにも2004年からLIFEの資金が投入されていた。

私がこのプロジェクトの現場を訪れたときは、プロジェクトチームが立ち上がったばかりであり、繁殖も進んではいなかった。マネージャーのアストリッド・バルガス博士は、スペイン出身の獣医師である。以前、米国・国立動物園でクロアシイタチの飼育下繁殖プロジェクトに参加していた経歴をかわれ、ヘッドハンティングされたのだという。プロジェクトチームのメンバーは彼女が各地から呼び寄せ、みんな新たな取り組みに高揚している感じだった。

このチームと地元アンダルシア州政府のチームが協力して、数年以内には野生復帰を始めたいのだという。州政府のマネージャーであるミゲル・サイモンさんは、これまで長年にわたってカタジロワシなどの希少野生動物の野生復帰に携わってきたベテランだった。イベリアリンクスの野生復帰では、飼育下繁殖個体だけではなく、野生個体の繁殖巣穴から子どもを1頭捕獲して、人工保

図5-10　繁殖用に飼育されているイベリアリンクス（ドニャーナ国立公園）

育した後に別の地域への再導入も検討しているという。イベリアリンクスは、2-3頭を出産するが、実際に巣立ちできるのは1頭だけなので、人工保育すれば子どもの生存率が高まると考えているのだ。

　もちろん、これらの生息域外保全に並行して、生息環境の改善など、さまざまな対策が実行されている。とくに、主要な餌動物であるアナウサギはイベリア半島全体で激減していた。これは、1950年代に自分の畑をウサギに荒らされたことに腹を立てた某獣医師が、あろうことかウサギを特異的に殺す粘液腫ウイルスを散布したことが発端となったそうだ。2005年の個体数調査では、1950年代と比べて5％程度にまで減っていたという。

　そのため、ウサギを増やすには、ワクチンで抵抗力をつけた個体を野生復帰させなければならないのだ。実際、ドニャーナ国立公園にあるイベリアリンクスの飼育下繁殖施設では、その施設に隣接して広大なウサギの繁殖センターが併設されていた。

　これらの施設を見て、この前に訪れた欧州評議会で、欧州全体の頂点捕食者

野生復帰プロジェクトのマネージャーと面会したときのことを思い出した。こちらから、肉食獣の野生復帰はいろいろと難しいのではないか、と苦労話を聞き出そうとしたところ、彼の答えは単純だった。

「簡単だよ！　餌さえあれば十分だ」

意外な答えに私たちは呆然としてしまったが、考えてみればあたりまえの話である。捕食者の動物たちに影響を与えているのは、人間の横暴か餌動物の不足なのだ。イベリアリンクスの野生復帰プロジェクトでは、ウサギなどの餌動物を増やすための環境整備に大きな労力が注がれていた。このことが、地域の生物多様性を豊かにする効果を生んでいる。

もっとも、スペインも日本と同様に大半の土地が個人所有となっている。こうした環境整備は地主の許可なくできるはずはない。ミゲルさんに、その点を訊くと分厚い契約書のサンプルを見せてくれた。その契約書には、ウサギを増やすための灌木伐採やウサギを捕食してしまうキツネの捕獲などのメニューがたくさん並んでいた。これを持って一軒ずつ地主の家を訪ね、その土地の管理について同意をとりつけてゆくのだという。

そんな気の遠くなるような作業をだれがやるのかと尋ねると、ミゲルさんは州政府の担当者たちと顔を見合わせ、こう答えた。

「僕らがやるしかないだろ」

これこそがプロの仕事というものだと、脱帽するしかなかった。

このプロジェクトによって、2006 年には飼育下繁殖に初めて成功し、2007年には 10 頭のイベリアリンクスが野生に帰された。さまざまな努力の末、順調に個体数は回復してゆき、2017 年の段階でじつに 600 頭に達する個体群に成長していったのだ。いまだに 100 頭を維持するのがやっとのツシマヤマネコの現状と比べ、同じ 10 年間を経た成果の差に愕然とするしかない。

絶滅危惧種の個体数を一刻も早く回復させなければならないのにはわけがある。それは、個体数が一定水準以下になると、遺伝的多様性が急速に失われ、さまざまな悪影響が発生しやすくなるからだ。そのため、遺伝的多様性を少しでも失わないように、遺伝子のコピーをたくさんつくる必要がある。だから、短期間に個体数を増やさなければならないのだ。もちろん、自然の営みに任せて回復できればよいが、ほとんどの場合で人が手を加えなければ急速に回復することは難しいのである。

いろいろな野生復帰プロジェクトを見てきて感じるのだが、成功しているプロジェクトには共通した点がある。まず、政策決定者の強い意志である。欧州の場合は、欧州評議会が国を越えた頂点捕食者の野生復帰を主導している。もちろん、実際の活動は現場の地方政府が担うので、不足した人材や資金の提供は不可欠である。

　とくにオオカミをはじめとした大型の頂点捕食者は、人や家畜に危害を加えるおそれがあるので、こうしたバックアップは重要である。たとえば、前述したLIFEは大型肉食動物による損害賠償制度や被害対策、家畜保護犬の導入などに出資できる仕組みがある。さらに、EUが設置している欧州農業農村開発基金（EAFRD）は、より広範な資金調達を提供している。

　もうひとつは、マネージャーの存在だ。経験豊富なことも重要だが、野生動物と共存する地域社会を形成するには、少なからぬ時間が必要である。日本の行政官は2–3年で異動してしまうが、ほかの国の現場でこんな人事形態は見たことがない。実際、アンダルシア州政府のミゲルさんは、10年以上経った今でもプロジェクトの責任者である。

　さて、2005年に豊岡でコウノトリが野生復帰して10年以上が経過した。現在、兵庫県を中心として野生個体は100個体を超え、季節的にはほぼ全国へ飛んでいくようになった。しかし、コウノトリは生まれ育った場所へ帰って繁殖する傾向が強く、豊岡盆地以外での繁殖は数例に限られている。

　一方で、子育てには大量の餌が必要となるため、豊岡盆地でも無限に営巣できるわけではない。繁殖が順調に進むようになった2010年以降では、逆に巣立ち率の低下が明らかとなってきた。つまり、もうここで暮らせる個体数の限界に達してしまい、ヒナが生まれても巣立つことができなくなっているということだ。解決策は、豊岡を中心とした近畿以外に新たに繁殖地となる地域をつくることである。

　わが国での野生復帰は、すべて特定の地域での保護対策にとどまっていた。しかし、トキやコウノトリのように広域に移動する野生動物を種として存続させるには、全国各地での取り組みが必要となる。

　じつは、南関東地域の自治体が参加するエコロジカルネットワーク構想では、すでに首都圏での野生復帰が現実のものになりつつある。これは、国土交通省などの中央省庁、関東地域の自治体、民間団体等が連携し、トキやコウノトリ

第 5 章 再生の世紀へ　155

図 5-11　千葉県野田市こうのとりの里

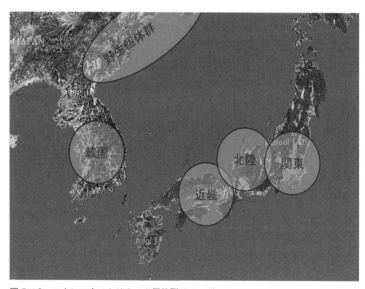

図 5-12　ニホンコウノトリのメタ個体群イメージ

をシンボルとした広域の自然再生と地域振興などを目指すものだ。今のところ、利根川や荒川の水系に位置する約30市町村が連携を表明している。まずは先駆けとして、千葉県野田市が2012年にコウノトリの飼育繁殖施設を設置し、野生復帰計画をスタートさせた。

2015年7月、野田市が飼育下で繁殖させたコウノトリ3羽を放鳥した。これは、東京都多摩動物公園から提供を受けたペアを野田市で飼育し、そこから巣立った子どもたちである。兵庫県豊岡市で始まったコウノトリの野生復帰から10年、野田市は国内2番目の拠点となった。

2018年までに9羽のコウノトリが野田市から放たれ、この年には初めて関東平野で越冬するようになった。この中から新たなペアが生まれ、繁殖することが期待される。この構想により、将来的にコウノトリの関東地域個体群が形成されれば、兵庫県を中心に形成された近畿地域個体群と遺伝的な交流が可能となるだろう。また、これらと連携して福井県越前市や韓国でも野生復帰が始まった。これらの地域が加わると、かつてのコウノトリの分布が復元され、ひいてはロシア極東の個体群との交流も夢ではなくなる。そこまでいけば、コウノトリの種の存続は確保されるにちがいない。

もはや、絶滅危惧種の野生復帰は、特定地域での特別な出来事ではなく、日常的なものとなる時代がきている。早晩、わが国で失われた多くの絶滅危惧種が、次々と野生復帰されることになるだろう。これによって、各地で自然を再生させる活動が始まるはずだ。絶滅によって失われた未来を取り戻せるのは、われわれ人間の英知と努力以外にはない。

# おわりに

　出会いとは交通事故のようなもので、振り返れば、なににつけても思いがけない出会いの連続だった。大学の進路にしても、就職にしても、その後の仕事内容にしても、思いがけず出会った人たちや動物たちのおかげで今の私がある。

　本来なら、厄介な「問題」になど首を突っ込まなければ別の人生があっただろうに、けっきょく、次から次に湧き出てくる野生動物問題と無我夢中で格闘しているうちに、ずいぶんと時間が過ぎてしまった。途中で、前著『野生動物問題』を書いてはみたものの、それからですら 20 年も経っている。

　もちろん、これらの問題を少なくとも記録にとどめなくては、とつねに思い続けてはいたのだが、結果的には今に至ってしまった。本書でようやく少しまとめることができたのは、東京大学出版会の編集者・光明義文さんが私の背中を押してくださったからだ。光明さんがいなければ、このタイミングで本書は世に出なかっただろう。この場をお借りして心からお礼を申し上げたい。

　「定年を前に思い出したのだけれど、羽山さんの本をつくり忘れました」

　正確ではないかもしれないが、これが光明さんの殺し文句だった。旧知とはいえ、ほとんどまともに会話したことがない関係だが、これをいわれたら期限までに書かないわけにはいかなかった。

　気がついたら、私も還暦が目前である。このあたりで、一度棚卸をしておかないと、荷が重すぎて次の一歩が踏み出せない気がしていたところだ。それに、昨今の時代の雰囲気には辟易してきているので、今一度初心を思い出したいという気持もあった。

　私が志を固めた 20 世紀は、多くの野生動物が絶滅に瀕していた時代である。それがわずか四半世紀で野生動物が人間の生活圏にまであふれ出る事態となった。その途端に、ジェノサイドとも呼ぶべき状況が横行し、捕殺ですら効率性や経済性が問われるという、いのちへの敬意なき時代になってしまったようだ。

　あらゆる分野にいえるのだと思うが、こんなモラルハザードを避け、問題を

根本的に解決しようとするなら、予算と人材をきちんと確保する以外の方法はない。わが国では野生動物問題の解決に必要な予算も人材も決定的に不足している。しかも、それを先送りにすればするほど、問題解決が困難になってしまうが、一方で今の日本で実現不可能なことではけっしてない。これが本書を通じて伝えたかった私のメッセージである。

もうひとつ、本書に込めたいと思ったのは、若い世代へのメッセージである。じつは、以前書いた『野生動物問題』では、読者に若い世代を想定していなかった。ところが、意外にも中高生が読者に多いことを出版後に知った。なにより、この本がきっかけで私のいる大学に入学してくれた生徒も一人や二人ではなかった。本書では、私が野生動物問題にこだわってきた理由や、なにを思ってこの問題と格闘してきたのかを、なるべくくわしく書くことにした。これからの社会を変えてゆく若者たちに、その思いを伝えることができたなら、著者として他に勝る喜びはない。

本書を執筆するにあたり、ここに書き切れないほどの多くの方々にお世話になった。また、本書では、故人を除き、必要不可欠の場合に限って個人名で登場していただいた。個別にお断りしていない方もいらっしゃるが、ご容赦願うとともに、お世話になったすべての方々に心より感謝の意を表したい。

なお本書では、いくつかのすでに公表された拙稿をもとに、大幅に加筆修正して使用している部分がある。下記にそれらの初出を記しておく。

「デビル顔面悪性腫瘍症による絶滅回避に立ち向かう専門家たち」(1) 獣医
　　畜産新報 61：671-676 (2008)
「同上」(2) 獣医畜産新報 61：755-760 (2008)
「外来動物の侵入を防ぐ専門家たち」獣医畜産新報 61：851-856 (2008)
「国外事例にみる動物園と野生復帰——野生復帰政策の発展による成果」生
　　物の科学「遺伝」2015 年 11 月号：511-516 (2015)
「福島第一原発災害による放射能汚染問題」　中川尚史・辻大和編『日本の
　　サル——哺乳類学としてのニホンザル研究』東京大学出版会. pp. 286-
　　304 (2017)

さいごに、原稿の段階で事実関係の確認やアドバイスなどをいただいた、中

岡利泰、杉谷篤志、長嶺隆、村山晶、鈴木創、中西せつ子、の各氏に心からお礼を申し上げる。

# さらに学びたい人へ

羽山伸一. 2001. 野生動物問題. 地人書館, 東京.

　20世紀末、すでに多様な野生動物問題が各地で発生し、社会問題化していた。本書は、これらの問題群が野生動物の問題ではなく、人間社会の病理現象であるととらえて、解決に向けた科学と取り組みが必要であると説いた。執筆から20年近くが経つため、引用されているデータなどは前世紀のものだが、問題の本質や解決への考え方は現在にも通じるものであり、著者の思想的な原点となった書である。

羽山伸一・三浦慎悟・梶光一・鈴木正嗣, 編. 2012. 野生動物管理——理論と
　　技術. 文永堂出版, 東京.（増補版　2016年）

　本書は、日本産の野生動物を対象としたワイルドライフマネジメント（野生動物管理）の教科書として、初めてのものとなる。野生動物管理の基本的な考え方や調査技術などを網羅し、また動物種ごとでも具体的な管理手法がまとまっている。

原田正純. 1972. 水俣病. 岩波書店, 東京.

　公害の原点となる水俣病の現場に立ち会ってしまった青年医師の苦悩と格闘をたどった名著。環境汚染とその健康影響の因果関係を明確に証明することがいかに困難であるか、そうであるならばどのような新たな考え方で被害者を救済すればよいのか、という難問に鋭く切り込む筆致は、現代社会がいまだ抱えている病巣をあぶりだしている。

有川美紀子. 2018. 小笠原が救った鳥——アカガシラカラスバトと777匹のネ
　　コ. 緑風出版, 東京.

　イエネコが野生化して生態系へ大きな影響を与えることは、いまや広く世界

的な外来種問題となっている。このテーマでは、近年になっていくつか一般書も出版されているが、本書は、著者が地元に住み着くことで、住民目線も入れて、この難問解決を目指してきた取り組みをわかりやすくルポルタージュしている好著。

寺西俊一・石田信隆，編．2018．輝く農山村──オーストリアに学ぶ地域再生．中央経済社，東京．

　日本より先んじて農山村における高齢化と過疎化を経験しているオーストリア。本書は、環境経済学などの研究者たちが現地調査を繰り返し、条件不利地域でも地域や一次産業が再生している背景を明らかにしている。これから日本でも急速に進むであろう人口縮小社会のあり方を考えるための重要な示唆を与えてくれる衝撃的な著作。

打越綾子．2016．日本の動物政策．ナカニシヤ出版，京都．

　日本では、野生動物、畜産動物、家庭動物（いわゆるペット）、動物園動物、実験動物と、動物のジャンルによって担当行政も法制度も異なっている。一方で、災害時対策や共通感染症対策、あるいは希少動物の利用といった分野横断的な社会課題を解決するには、統合的な動物政策が求められる。本書は、人間側の都合で縦割りに仕切られたそれぞれの動物政策について現状や課題を整理しているため、トータルに理解することができる好著。

日本生態学会，編．2016．感染症の生態学．共立出版，東京．

　生態学は、生物と環境との相互関係を解析する学問分野であるが、これまで感染症を研究対象とするという認識はほとんどなかった。しかし、病原体、宿主、環境の三者が複雑に関係し合って感染症は起きるので、生態学からの視点は不可欠といえる。

　本書は、感染症の生態学についての初めての和書である。執筆陣は感染症に関わる多様な研究分野の専門家で構成され、この学問領域を俯瞰することができる。

# 参考文献

配列は本文の流れに沿うかたちにした.

[はじめに]
　羽山伸一. (2001) 野生動物問題. 地人書館.

[第1章]
　安藤元一. (2008) ニホンカワウソ——絶滅に学ぶ保全生物学. 東京大学出版会.
　和田一雄・伊藤徹魯・新妻昭夫・羽山伸一・鈴木正嗣編. (1986) ゼニガタアザラシの
　　生態と保護. 東海大学出版会.
　Waku D., Segawa T., Yonezawa T., Akiyoshi A., Ishige T., Ueda M. *et al.* (2016) Evalu-
　　ating the phylogenetic status of the extinct Japanese otter on the basis of mitochondrial
　　genome analysis. *PLoS ONE* 11(3): e0149341. doi: 10.1371 / journal. pone.0149341.
　羽山伸一. (1985) ゼニガタアザラシ——保護管理のモデルケースとして. 哺乳類科学
　　50: 31-41.

[第2章]
　常田邦彦. (2007) カモシカ保護管理の四半世紀——文化財行政と鳥獣行政. 哺乳類科
　　学 47: 139-142.
　日本自然保護協会編. (2010) 改訂　生態学から見た野生生物の保護と法律. 講談社.
　羽山伸一. (2013) 野生動物の法制度と政策論. 村田浩一・坪田敏男編『獣医学・応用
　　動物科学系学生のための野生動物学』文永堂出版. pp. 313-330.
　羽山伸一・坂元雅行. (2000) 鳥獣保護法改正の経緯と評価. 環境と公害 29(3): 33-39.
　坂元雅行・羽山伸一. (2000) 野生生物種保全の法制度. 環境と公害 29(4): 2-9.
　羽山伸一・三浦慎悟・梶光一・鈴木正嗣編. (2012) 野生動物管理——理論と技術. 文
　　永堂出版 (2016年, 増補版).
　羽山伸一. (2003) 神奈川県丹沢山地における自然環境問題と保全・再生. 鷲谷いづみ・
　　草刈秀紀編『自然再生事業——生物多様性の回復をめざして』築地書館. pp. 250-
　　277.
　羽山伸一. (2007) シカ問題と自然再生. 森林環境研究会編『動物反乱と森の崩壊』森
　　林文化協会. pp. 38-46.
　木平勇吉・勝山輝男・田村淳・山根正伸・羽山伸一・糸長浩司・原慶太郎・谷川潔編.
　　(2012) 丹沢の自然再生. 日本林業調査会.
　羽山伸一. (2010) 野生生物保護管理を担う人材の育成. 日本自然保護協会編『改訂版
　　生態学から見た野生生物の保護と法律』講談社. pp. 172-177.
　羽山伸一. (2015) ニホンザルの管理に関する法律の改正と今後の課題. 霊長類研究 31:
　　61-62.

164

羽山伸一．（2017）野生動物管理に関する法改正について．獣医疫学 21：73-76.

[第3章]

羽山伸一．（2003）外来種対策のための動物福祉政策について．環境と公害 33(2)：29-35.

羽山伸一．（2005）外来種対策元年．森林環境研究会編『森林環境 2005』森林文化協会．pp. 164-170.

羽山伸一．（2008）外来動物問題とその対策．日本農学会編『外来生物のリスク管理と有効利用』養賢堂．pp. 125-146.

羽山伸一．（2008）外来生物問題とその対策への提言——野生動物委員会における検討結果報告．日本獣医師会雑誌 61：402-404.

山田文雄・池田透・小倉剛編．（2011）日本の外来哺乳類——管理戦略と生態系保全．東京大学出版会．

Botigué L. *et al.*（2017）Ancient European dog genomes reveal continuity since the Early Neolithic. *Nature Communications* 8: 16082.

[第4章]

シーア・コルボーンほか．（1997）奪われし未来．翔泳社．

羽山伸一．（1998）環境ホルモン問題入門．全日本病院出版会．

Saita E., Hayama S. *et al.*（2004）Histological changes in thyroid glands from great cormorant（*Phalacrocorax carbo*）in Tokyo Bay: Possible association with environmental contaminants. *J. Wildl. Dis.* 40(4): 763-768.

Hayama S. and Yamamoto M.（2011）Seasonal changes of oxygen consumption in captive great commorants（*Phalacrocorax carbo*）. *Jpn. J. Zoo Wildl. Med.* 16(1): 71-73.

Hayama S. *et al.*（2013）Concentration of radiocesium in the wild Japanese monkey（*Macaca fuscata*）over the first 15 months after the Fukushima Daiichi nuclear disaster. *PLoS ONE* 8(7): e68530.

Ochiai K., Hayama S. *et al.*（2014）Low blood cell counts in wild Japanese monkeys after the Fukushima Daiichi nuclear disaster. *Scientific Reports* 4: 5793.

山田文雄・竹ノ下祐二・仲谷淳・河村正二・大井徹・大槻晃太・羽山伸一・堀野眞一・今野文治．（2013）放射能影響を受ける野生哺乳類のモニタリングと管理問題に対する提言．哺乳類科学 53：373-386.

羽山伸一．（2015）原発災害による野生動物の健康影響を考える——ニホンザルを例に．環境と公害 44(4)：47-50.

羽山伸一．（2017）福島第一原発災害による放射能汚染問題．中川尚史・辻大和編『日本のサル——哺乳類学としてのニホンザル研究』東京大学出版会．pp. 287-304.

Hayama S. *et al.*（2017）Small head size and delayed body weight growth in wild Japanese monkey fetuses after the Fukushima Daiichi nuclear disaster. *Scientific Reports* 7: 3528.

羽山伸一．（2018）福島第一原発災害による野生ニホンザルの健康影響．BIOCITY：44-48.

羽山伸一.（2018）福島報告　第69回　続報・ニホンザルへの健康影響. グリーン・
　　パワー: 10–11.
アレクセイ・V・ヤブロコフほか.（2013）チェルノブイリ被害の全貌. 岩波書店.
原田正純.（1972）水俣病. 岩波書店.
Pearse A. M. and Swift K.（2006）Transmission of devil facial-tumour disease. *Nature*
　　439: 549.
Epstein B. *et al.*（2016）Rapid evolutionary response to a transmissible cancer in Tas-
　　manian devils. *Nat Commun* 7: 12684.
Hayama S. *et al.*（2010）Geographic analysis of feline immunodeficiency virus infection
　　in Tsushima leopard cats（*Preonarilurus bengalensis euptilurus*）and domestic cats
　　on Tsushima islands by geographic information system. *J. Vet. Med. Sci.* 72（9）:
　　1113–1118.
羽山伸一・村山晶.（2009）生物多様性保全のための絶滅危惧種回復行動計画——PHVA
　　プロセスとその実際. ランドスケープ研究 72: 373–377.
羽山伸一・加藤卓也.（2014）わが国の野生動物における狂犬病モニタリングの進め方.
　　獣医畜産新報 67（11）: 825–830.


［第5章］
有川美紀子.（2018）小笠原が救った鳥——アカガシラカラスバトと 777 匹のネコ. 緑
　　風出版.
羽山伸一.（2014）へき地動物医療と希少動物保護. MVM 146: 93–98.
羽山伸一.（2004）海獣管理元年. 小林万里・磯野岳臣・服部薫編『北海道の海生哺乳
　　類管理』エコニクス. pp. 115–123.
Kobayashi M. *et al.*（2014）Population trends of the Kuril harbour seal *Phoca vitulina
　　stejnegeri* from 1974 to 2010 in southeastern Hokkaido, Japan. *Endangered Species
　　Research* 24: 61–72.
Oishi T.（2016）Possibility that biodiversity conservation will lead to improvements in
　　the unit sales price of agricultural products: Analysis of a questionnaire survey of
　　farmers carrying out *Ikimono Mark* practices. *J. Envir. Inf. Sci.* 44: 63–70.
羽山伸一.（2002）絶滅危惧種の回復事業から自然再生へ. 環境と公害 31: 17–23.
羽山伸一.（2003）自然再生推進法案の形成過程と法案の問題点. 環境と公害 32: 52–57.
磯崎博司・羽山伸一.（2005）欧州における生態系の保全と再生. 環境と公害 34: 15–20.
羽山伸一.（2005）自然再生事業はどうあるべきか. 環境と公害 35: 15–18.
羽山伸一.（2006）自然再生事業と再導入事業. 淡路剛久監修『地域再生の環境学』東
　　京大学出版会. pp. 97–123.
羽山伸一・黒田ゆうび.（2012）ツシマヤマネコの野生復帰における課題と今後の研究
　　展開. 獣医畜産新報 65（3）: 209–216.
羽山伸一.（2014）野生動物問題と自然資源管理産業の可能性. 岡本雅美監修『自立と
　　連携の農村再生論』東京大学出版会. pp. 149–165.
寺西俊一・石田信隆編.（2018）輝く農山村——オーストリアに学ぶ地域再生. 中央経
　　済社.

# 索引

Biodiversity is Us 148
CBSG（飼育下繁殖専門家グループ） 107
CPSG（保全計画専門家グループ） 107
FIV（ネコ免疫不全症候群ウイルス） 103
IACRC（Invasive Animals Cooperative Research Center；外来動物共同研究センター） 71
IAEA（国際原子力機関） 90
ICRP（国際放射線防護機関） 91
IUCN（国際自然保護連合） 107
OIE（国際獣疫機関） 112
PVA（Population Viability Analysis；個体群存続可能性分析） 123
SSC（種の保存委員会） 107
WHO（世界保健機関） 90
WWF（世界野生生物保護基金） 20

## ア行

アカガシラカラスバト 121
アザラシジステンパーウイルス 138
アジアクロクマ 150
アナウサギ 152
アマミノクロウサギ 61
アムールヤマネコ 103
アライグマ 58
アラビアオリックス 146
アルド・レオポルド（Aldo Leopold） 23
イエネコ（ネコ） 117
磯焼け 130
イタチアナグマ 114
遺伝的多様性 153
イベリアリンクス（イベリアオオヤマネコ） 151
イリオモテヤマネコ 103
イルカ 34
エジプトハゲワシ 112
エゾシカ 31
えりも式緑化工法 130
えりもシールクラブ 129
欧州農業農村開発基金（EAFRD） 154
オオカワウソ 57
オオワシ 31
オジロワシ 31

オーストラリア野生動物医学ネットワーク 97

## カ行

海獣談話会 14
可移植性性器肉腫（CTVT） 97
海生哺乳類 33
外来生物法（特定外来生物による生態系等に係る被害の防止に関する法律） 62
カタジロワシ 151
家畜化 79
家畜伝染病予防法 113
カナダカワウソ 57
カモシカ裁判 22
カリフォルニアコンドル 112
環境財務信託（LIFE） 148
環境と生物多様性保護法（Environmental Protection and Biodiversity Conservation Act） 66
環境防護 91
環境ホルモン（内分泌攪乱化学物質） 81
感染症予防法 82
カンムリシロムク 149
管理捕獲 41
キツネ 68
九州地区獣医師会連合会 105
狂犬病 114
グアムクイナ 147
ククリ罠 37
クジラ 33
クマゲラ 24
クロアシイタチ 147
検疫物探知犬 66
原子力災害 83
原爆 90
口蹄疫 113
コウノトリ 142
高病原性鳥インフルエンザウイルス 110
公立動物病院 129
国内希少動植物種 122
国立野生動物健康センター（National Wildlife Health Center） 114
国連生物多様性の10年 148

コツメカワウソ　57
固有林　24
ゴールデンライオンタマリン　147

## サ行

再導入（reintroduction）　143
サーベイランス　82
サル　52
参加型税制　44
三庁合意　22
飼育個体群　100
シカ　35
指定管理鳥獣　51
指標動植物種（reference animals and plants）　91
ジュゴン　34
種の保存法　27
種保全計画（SSP）　147
順応的管理　30
所得保障制度　137
白神山地　24
森林生態系保護地域　25
水源環境保全税　43
スノーモンキー　84
生息域外保全　145
生息域内保全　145
生物多様性条約　26
世界動物園水族館協会（WAZA）　148
世界動物園保全戦略　148
世界の侵略的外来種ワースト100データベース　128
セシウム　86
絶滅危惧種の日（Threatened Species Day）　28
絶滅のおそれのある野生動植物の保存に関する法律　27
ゼニガタアザラシ　12
ゼニガタアザラシ研究グループ（通称・ゼニ研）　14
総合保養地域整備法（いわゆるリゾート法）　19
創始個体（ファウンダー）　102

## タ行

ダイオキシン類　81
ダイオキシン類対策特別措置法　81
タイワンザル　74
タスマニアタイガー　29
タスマニアデビル　92
タスマニアピグミーポッサム　73

丹沢大山自然環境総合調査　39
丹沢大山自然再生計画　43
丹沢大山総合調査　42
丹沢大山保全計画　40
チェルノブイリ原発災害　90
地球サミット　26
鳥獣管理技術協会　56
鳥獣被害防止特別措置法（特措法）　49
鳥獣保護管理法　49
鳥獣保護法　29
チョウセンイタチ（シベリアイタチ）　63
ツシマヤマネコ　103
ツメナシカワウソ　57
低線量長期被ばく　89
デビル顔面悪性腫瘍症（Devil Facial Tumor Disease；DFTD）　95
デビル・トラップ　101
1080（テン・エイティー）　73
天然記念物　13
電波発信機　53
動物愛護管理法　61
動物園指令　148
動物園免許法　148
どうぶつたちの病院　105
トキ　142
特定外来生物　62
特定鳥獣保護管理計画制度（特定計画）　29
トド　34
トラフィックジャパン　58

## ナ行

ナベヅル　110
鉛中毒　31
ニホンアシカ　34
ニホンオオカミ　94
ニホンカモシカ　21
ニホンカワウソ　1
ニホンザル　84
日本自然保護協会　20
日本獣医師会　64
認定人材登録事業　49
認定鳥獣捕獲等事業者　51
ネズミ　33
粘液腫ウイルス　152
ノウサギ　35
農作物野生鳥獣被害対策アドバイザー登録制度　48

## ハ行

ハイイロアザラシ 138
パラ・アミノプロピオフェノン (PAPP) 73
バンディクート 72
被害対策実施隊 51
被害防止計画 49
病像 90
ファシリテータ 124
フクロオオカミ 29
ブラックバス 62
文化財保護法 13
米国動物園水族館協会 (AZA) 147
米国の絶滅危惧種法 (Endangered Species Act) 28
ベルン条約 (欧州野生生物生息地保全条約) 147
ベンガルヤマネコ 103
捕獲効率 (CPUE; Catch Per Unit Effort) 77
捕獲努力量 77
補強 145
保険個体群 100
保護増殖事業計画 122
補充 145
保全的導入 145
哺乳類研究グループ (現・日本哺乳類学会) 14

## マ行

マイクロチップ 120

マナヅル 110
マネージャー 48
マングース (フイリマングース) 60
密猟罠 38
水俣病事件 90
ミナミオオガシラ 65
群れ管理 53
猛禽類 31
モグラ 33
モノフルオロ酢酸ナトリウム 73

## ヤ行

ヤマネコ保護協議会 105
ヤンバルクイナ 60
ユーラシアカワウソ 1
用量反応曲線 90
予防原則 62

## ラ行

レッドデータブック 26, 142

## ワ行

ワイルドライフ・ヘルス・オーストラリア 115
ワイルドライフマネジメント (野生動物管理) 23
ワイルドライフレンジャー 45
ワシントン条約 58
ワンヘルス 103

著者略歴

羽山伸一（はやま・しんいち）

1960 年　神奈川県に生まれる.
1985 年　帯広畜産大学大学院獣医学専攻修士課程修了.
現　　在　日本獣医生命科学大学獣医学部教授. 獣医師, 博士
　　　　　（獣医学）.
専　　門　野生動物学.
主　　著　『ゼニガタアザラシの生態と保護』（共編著, 1986 年,
　　　　　東海大学出版会）,『野生動物救護ハンドブック——
　　　　　日本産野生動物の取り扱い』（共編著, 1996 年, 文
　　　　　永堂出版）,『野生動物問題』（2001 年, 地人書館）,
　　　　　『野生との共存——行動する動物園と大学』（共編著,
　　　　　2012 年, 地人書館）,『野生動物管理——理論と技術』
　　　　　（共編著, 2016 年増補版, 文永堂出版）,『災害動物
　　　　　医療——動物を救うことが人命や環境を守る』（監
　　　　　修, 2018 年, ファームプレス）ほか.


野生動物問題への挑戦

　　　　　2019 年 11 月 5 日　初　版

　　　　　　［検印廃止］

　著　者　羽山伸一

　発行所　一般財団法人　東京大学出版会

　　　　　代表者　吉見俊哉

　　　　　153-0041 東京都目黒区駒場 4-5-29
　　　　　電話 03-6407-1069　Fax 03-6407-1991
　　　　　振替 00160-6-59964

　印刷所　研究社印刷株式会社
　製本所　牧製本印刷株式会社

© 2019 Shin-ichi Hayama
ISBN 978-4-13-062226-4　Printed in Japan

JCOPY〈出版者著作権管理機構　委託出版物〉
本書の無断複写は著作権法上での例外を除き禁じられています. 複写さ
れる場合は, そのつど事前に, 出版者著作権管理機構（電話 03-5244-5088,
FAX 03-5244-5089, e-mail: info@jcopy.or.jp）の許諾を得てください.

辻　大和・中川尚史編

## 日本のサル ——— A5判/336頁/4800円
哺乳類学としてのニホンザル研究

梶　光一・飯島勇人編

## 日本のシカ ——— A5判/272頁/4600円
増えすぎた個体群の科学と保全

坪田敏男・山﨑晃司編

## 日本のクマ ——— A5判/376頁/5800円
ヒグマとツキノワグマの生物学

山田文雄・池田　透・小倉　剛編

## 日本の外来哺乳類 ——— A5判/420頁/6200円
管理戦略と生態系保全

本川雅治編

## 日本のネズミ ——— A5判/256頁/4200円
多様性と進化

菊水健史・永澤美保・外池亜紀子・黒井眞器

## 日本の犬 ——— A5判/240頁/4200円
人とともに生きる

樋口広芳編

## 日本のタカ学 ——— A5判/364頁/5000円
生態と保全

ここに表示された価格は本体価格です．ご購入の際には消費税が加算されますのでご了承ください．